EAUX THERMO-MINÉRALES

DE

CAUTERETS

(HAUTES-PYRÉNÉES)

PAR

Le Docteur E. DE LARBÉS

MÉDECIN CONSULTANT A CAUTERETS

Ex-médecin A.-Major de l'armée ; Membre correspondant de la
Société médicale d'émulation de Paris ; de la Société nationale
de médecine, chirurgie et pharmacie de Toulouse ;
et Membre de l'Association médicale
de Cauterets, etc., etc.

GUIDE PRATIQUE DU BAIGNEUR.

TOULOUSE

IMPRIMERIE Louis & Jean-Matthieu DOULADOURE
Rue Saint-Rome, 39.

1873

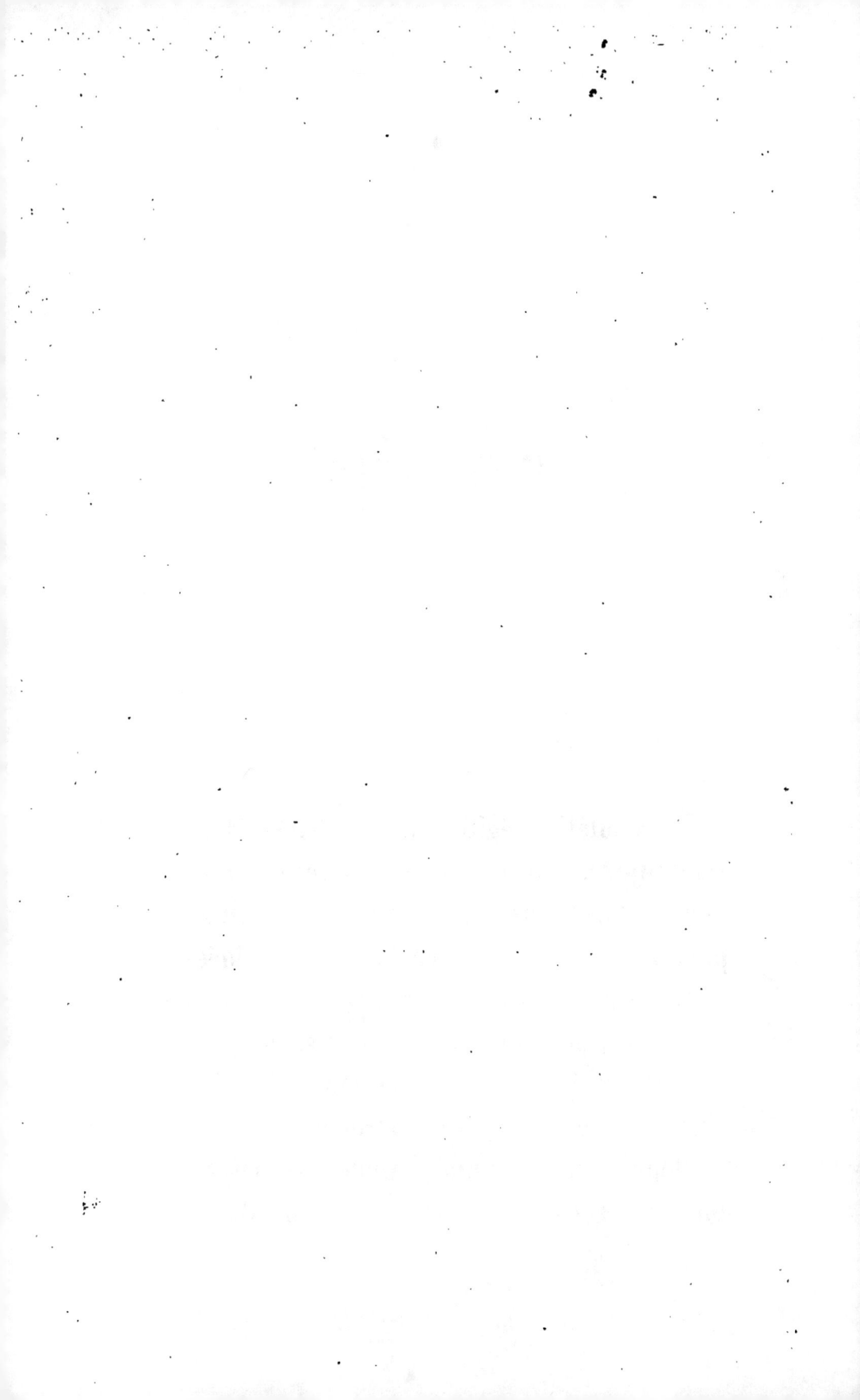

INTRODUCTION

La réputation légitimement méritée, dont jouissent aujourd'hui les eaux minérales sulfurées sodiques de Cauterets, place cette station au rang des plus importantes de la chaîne des Pyrénées.

Les statistiques démontrent chaque année, en sa faveur, une extension progressive qui justifie pleinement les bienfaits résultant à la fois de son climat et de ses sources thermales.

Depuis une trentaine d'années principalement, on y voit accourir, de tous les points de la terre, des malades atteints d'affections des voies respiratoires, des voies digestives, de maladies diathésiques ou constitutionnelles; de débilités enfin occasionnées par un appauvrissement du sang, ou par un épuisement organique, consécutifs à des affections graves.

C'est que Cauterets est une station des plus remarquables, non-seulement au point de vue de l'efficacité de ses eaux, mais aussi sous le rapport de son site particulier, admirablement approprié à l'action curative de ses sources. En effet, on peut dire avec raison, qu'en ce lieu, les eaux et l'air qu'on y respire, luttent d'ensemble au rétablissement de la santé. « Cauterets (*Dict. des* » *Eaux min.*, page 402), par le nombre et la » variété de ses sources, semble réunir comme » un spécimen de toutes les eaux minérales des » Pyrénées : par la graduation de leur force, de » leur thermalité et de leur minéralisation, elles » paraissent devoir répondre à tous les besoins de » la thérapeutique : à côté du groupe des sources » sulfureuses, se trouvent des eaux salines (Rieu- » mizet), des eaux alcalines (Bruzaud), des eaux » spécifiques (La Raillière, César vieux, Mauhou- » rat); leurs modes d'administration sont très-

» variés et très-complets ; enfin, situées dans un
» beau climat, leur action se fortifie nécessaire-
» ment des influences hygiéniques les plus favora-
» bles (Drouhet). »

Plus loin, il est dit que l'eau de ces sources
est beaucoup moins altérable que celles de Luchon,
d'Ax et même des Pyrénées-Orientales. Nous avons
donné à ce propos, les explications confirmatives
dans notre opuscule, *Sur la dégénérescence des
Eaux sulfureuses* (décembre 1872).

En outre, peu de stations sont aussi bien
dotées que la nôtre ; le nombre des sources qui
s'élève à **23**, constitue un débit énorme d'un mil-
lion et demi de litres par **24** heures. Leur spé-
cialisation parfaitement établie par une longue
expérience ; le grand nombre de thermes où la
multiplicité et la diversité des moyens d'applications hydrobalnéaires, ne laisse, pour ainsi dire,
rien à désirer ; la salubrité, l'état sanitaire, la
douceur du climat, les agréments de la grande
ville et les excursions les plus pittoresques sur
les montagnes environnantes ; tous ces avantages bien connus en France et à l'étranger, nous
dispensent d'entrer dans de plus longs développements à leur sujet. Qu'il nous soit permis, toute-

fois, d'ajouter que, par suite de l'affluence extraordinaire qui a eu lieu, l'an dernier, à Cauterets,
on s'est mis à l'œuvre pour des constructions
nouvelles ; et, qu'en outre, on espère encore
réaliser d'importantes améliorations locales, qui
rendront le séjour de Cauterets de plus en plus
utile et agréable pour ses visiteurs.

PREMIÈRE PARTIE

TOPOGRAPHIE—TEMPÉRATURE—SAISON DES EAUX.
— CONSTITUTION HYGIÉNIQUE ET MÉDICALE DE
CAUTERETS.

La ville de Cauterets est située dans le département
des Hautes-Pyrénées, au centre même de la chaîne, à
43 kilomètres de Tarbes, chef-lieu du département; à
28 kilomètres de Lourdes (1) ; et à 10 kilomètres de
Pierrefitte, tête de ligne du chemin de fer du Midi,
lequel relie ces trois points sensiblement en ligne droite,
parcourant ainsi du Nord au Midi la superbe vallée
d'Argelès, baignée dans toute son étendue par les eaux
vives des gaves de Baréges et Cauterets réunis à Pierrefitte.

A Pierrefitte, la vallée principale se divise en deux
branches; suivant les deux cours d'eau précédents :
celle de gauche conduit à Saint-Sauveur, Luz, Baré-

(1) Embranchement de la voie ferrée de Pau.

ges, Gavarnie; celle de droite mène à Cauterets, et se subdivise elle-même à 2 kilomètres au-dessus, en deux gorges, dont l'une aboutit en ligne directe au lac bleu, aux cimes élevées des Vignemales; et l'autre tourne à droite, pour arriver, par un chemin très-resserré entre les flancs escarpés de Péguère et du Tuc ou Hourniga, au gouffre du Cérizet, au pont d'Espagne et au lac de Gaube.

L'altitude de Cauterets est déterminée par 932 mètres au-dessus du niveau de la mer; et par 622 mètres au-dessus de Tarbes.

La ville est bâtie sur les bords du Gave, qui roule à grand bruit ses eaux écumantes venant des gorges supérieures; un peu au-dessus du vallon du Monné, dans un bassin compris entre la montagne de Péguère et du Pic-les-Bains.

Les pentes qui resserrent Cauterets au levant et au couchant sont garnies d'une végétation splendide. On y remarque des sapins séculaires, des tilleuls énormes, des frènes, des marronniers qui étonnent par leurs dimensions colossales. Les terrains qui les fécondent sont constitués par un humus d'une rare fertilité; les alternatives incessantes de la température et une large aération impriment certainement une grande activité à la végétation de ces contrées; mais l'eau de neige a aussi des propriétés inhérentes à sa nature. Les plantes les mieux nourries et les plus vertes sont celles qui croissent à la base, sur l'adossement et dans les prairies contiguës aux montagnes qui sont presque toujours couvertes de neige.

TEMPÉRATURE

Généralement, à Cauterets, la température du matin et du soir est basse, mais elle ne l'est que relativement. On peut, du reste, se faire une idée exacte du climat tempéré de la station par la moyenne de température de chacun des 4 mois des 7 années d'observations consécutives (de 1859 à 1865), relevées par le regrettable inspecteur de Cauterets, le docteur Dimbarre (1).

THERMOMÈTRE C.

	à 6 h. du matin.	à 2 h. du soir.
Juin.............	12°	18°5
Juillet..........	14,1	20
Août............	13,5	19,8
Septembre......	11,4	17,6
Moyenne de 4 mois :	12,75	18°97

Nos observations personnelles, pendant la saison 1872, nous ont donné les résultats suivants :

	à 7 h. mat.	à 2 h. soir.	à 7 h. soir.
Juin..........	12,5	19	15,3
Juillet.........	15,8	20,4	17,5
Août..........	14,5	20,7	17,7
Septembre......	14,6	21,3	17,3
Moyenne des 4 mois	14°35	20°35	16°95

Le thermomètre à maximâ n'a pas dépassé 30 degrés, et le minimâ n'est pas descendu au-dessous de 4 degrés. Rarement la température s'est même rapprochée de ces limites extrêmes, son uniformité relative se

(1) Reproduites par le docteur Gigot-Suard.

maintient ordinairement à quelques degrés près. Il nous est arrivé même, fait remarquable, de noter quelques journées d'observation sans changement thermométrique du matin au soir. Toujours est-il, que les écarts ou oscillations y sont relativement peu considérables, et nos recherches sont confirmatives de celles de notre confrère le docteur Gigot-Suard. L'inclinaison des montagnes, leur active végétation, et la durée restreinte de l'action solaire, préviennent avantageusement l'échauffement du sol, la réverbération, et maintiennent la température à un degré généralement peu élevé.

Cette douceur du climat, pour ainsi dire printanière, tient encore à plusieurs causes : D'abord à l'altitude du site, et puis au calme relatif de l'atmosphère. Le déplacement des couches inférieures de l'air s'opère à Cauterets d'une manière insensible, car les courants se trouvent interceptés par les sinuosités même du vallon venant de Pierrefitte ; il en résulte que la zône des vents généraux est très-élevée ; heureuse disposition qui donne au milieu ambiant des propriétés sédatives et toniques, dont nous fairons ressortir plus loin tous les avantages.

Malgré l'élévation des pics, toujours couverts de neige, qui dominent Cauterets au midi, le vent du sud se fait parfois sentir avec une certaine violence. Il a une action très-puissante sur les muqueuses des voies respiratoires ; ses visites sont rares, il est vrai, mais il est bon d'être prévenu de son action nuisible pour ne pas entreprendre, en ces circonstances, des excursions sur les montagnes voisines. Les valétudinaires et les malades atteints de gêne respiratoire, doivent en tenir le plus grand compte.

Afin de faire mieux apprécier le climat de Cauterets, je vais rapporter le relevé de mes observations météorologiques de chaque jour, pendant la saison de 1872.

	JOURS sans nuages ou à peu près.	JOURS plus ou moins couverts.	JOURS couverts totalement ou à peu près.
Juin............	10	13	7
Juillet.........	8	16	7
Août..........	9	15	7
Septembre.....	8	8	2
	35	52	23 = 110 jours.

On voit, d'après ces résultats, que sur 110 jours d'observation, il y a eu 87 jours de beau ou de temps passable; et que, pendant 23 jours, le ciel a été couvert ou le temps mauvais.

Nous avons noté : dix orages suivis de pluie; cinq fois un vent du sud persistant; quatorze jours de brouillards, dont quatre presque complets; et dix-sept jours de pluie. Si l'on rapproche ces résultats de ceux relevés par le docteur Dimbarre, et reproduits par notre confrère M. Gigot-Suard, qui constatent, sur 113 jours d'observations pendant sept années consécutives, 52 jours sans nuages ou presque sans nuages, 39 jours où le ciel est plus ou moins couvert, et 21 jours où le soleil reste complètement caché, nous trouvons une différence défavorable pour 1872; mais il faut reconnaître, ce que personne n'ignore, que l'été de cette année a été très-variable et pluvieux dans toute la France.

Enfin, la foudre ne tombe jamais à Cauterets; les sommets élevés des pics et les arbres qui dominent ce bassin sont des paratonnerres naturels qui préservent la ville de tout danger sous ce rapport.

Baromètre. — La pression atmosphérique varie très-peu à Cauterets. Le baromètre oscille entre 687^{mm} et 689^{mm}. Cette diminution dans la pression exercée par l'air sur le corps de l'homme donne lieu à des modifications physiologiques d'une grande importance. Le sang et les liquides organiques moins refoulés à l'intérieur se portent en plus grande abondance dans le système capillaire périphérique ; d'où résulte une coloration plus vive de la peau, et des exhalations séreuses et même sanguines (hypérémies). De plus, la densité de l'air étant moindre sous le même volume, l'hématose exige chez les baigneurs venus d'une altitude inférieure, un surcroît d'activité fonctionnelle de la part des poumons. Les personnes délicates, et celles surtout qui ont ces organes affectés, ont parfois la respiration courte et fréquente, font de temps en temps de larges inspirations, comme si elles manquaient d'air. Si, par extraordinaire, cet essoufflement se prolonge ou s'aggrave, il est prudent d'engager les malades à descendre à Pierrefitte pour 24 ou 48 heures. Cette interruption, loin de nuire au traitement, peut même offrir un certain avantage au point de vue de la tolérance des eaux pour la suite.

Hygromètre. — L'air des montagnes est généralement sec, cependant il faut reconnaître que souvent, mais aussi passagèrement, par un temps de brouillards ou de pluie, l'hygromètre accuse une assez grande humidité. Néanmoïns, la moyenne de la saison balnéaire, à l'hygromètre de Saussure, est 8,2, ce qui dénote une hydratation ordinaire de l'air dans cette région. Si l'on tient compte du courant d'air, très-peu sensible mais continu, sur le lit du Gave, on doit attribuer au moins une aussi grande salubrité aux appartements qui lui font face qu'à ceux dont l'accès est au rez-de-chaussée et dans une rue étroite. Du reste le médecin, ne relevant que de sa conscience, est le juge souverain de ses prescriptions, quand l'état du malade lui fait un devoir de se prononcer.

Saison balnéaire.— La saison des eaux à Cauterets dure du 1er juin à fin septembre. Déjà au mois de mai, les habitants de la vallée et les gens de service ouvrent la campagne ; et le mois d'octobre est encore réservé au même personnel. En somme, les étrangers fréquentent la station pendant quatre mois, mais la plus grande affluence a lieu en juillet et août.

Constitution médicale et hygiénique. — Les développements que nous venons d'exposer relativement au climat de Cauterets, établissent en sa faveur une salubrité remarquable. Ainsi, la stabilité ou le grand calme de l'air, la douceur de la température, la direction générale de la vallée, le boisement des flancs des montagnes qui l'entourent, et l'influence peut-être plus active qu'on ne le suppose, des plantes odoriférantes dont les espèces sont partout répandues à profusion, sont autant de conditions qui donnent à l'air ambiant des qualités hygiéniques et médicatrices spéciales d'un salutaire effet sur les malades et les convalescents.

Les *épidémies* sont pour ainsi dire inconnues. Le choléra n'y a jamais fait de victime, n'ayant jamais depassé une altitude au-delà de 600 mètres au-dessus du niveau de la mer. Il est extrêmement rare d'y voir la fièvre typhoïde. Si l'on a constaté quelque cas de variole, c'est par suite d'importation. La scrofule est rare ; le goître et la pellagre ne règnent point dans la contrée.

Quant aux maladies *endémiques*, on y rencontre celles qui sont communes à tous les pays soumis aux mêmes influences. La bronchite, la pleurésie, la pneumonie s'y voient assez rarement pendant la saison des eaux. L'embarras gastrique et la diarrhée sont plus fréquentes ; ces maladies affectent de préférence les étrangers qui commettent des écarts de régime ou subissent trop brusquement l'influence d'un climat nouveau. (Voir les conseils hygiéniques à la fin du volume).

Les relevés de l'état civil de Cauterets confirment pleinement de si heureux priviléges. Aussi dans une période de dix ans, de 1854 à 1863, la statistique a donné un cas de mort sur 1066 étrangers ; tandis qu'à Pau, si vanté sous le rapport des avantages climatériques, on compte annuellement pour les anglais, d'après le baron Taylor, un décès sur 70 personnes. Certes, ces chiffres sont trop en faveur de notre station pour insister d'avantage à ce propos.

DEUXIÈME PARTIE

PROPRIÉTÉS PHYSIQUES ET CHIMIQUES DES EAUX MINÉRALES DE CAUTERETS.

La station thermale de Cauterets se compose de 23 sources, toutes différentes par leur température et leur composition chimique. Ce nombre ne tarderait pas à s'accroître, si l'on s'en rapporte à l'assertion d'un ecclésiastique distingué, qui aurait prétendu tout récemment, que Cauterets pouvait être aisément doté d'une source ferrugineuse. Le célèbre Bordeu, annonçait, il y a un siècle, que les eaux de Cauterets contenaient du fer. Nous avons peu de peine à le croire, d'après la nature de certaines roches environnantes. Nous faisons des vœux pour que cette heureuse idée provoque des fouilles prochaines dans ce but.

§ I.

PROPRIÉTÉS PHYSIQUES

Les propriétés physiques des eaux minérales sont à peu près identiques; elles sont très-limpides, incolores, d'une densité de 1,8 : d'une saveur et d'une odeur très-faiblement sulfureuse, douces au toucher et un peu onctueuses. Elles ne présentent jamais aucun dépôt de soufre, et n'éprouvent aucun changement de couleur dans les réservoirs. Elles entraînent avec elles une plus ou moins grande quantité de flocons blanchâtres, substance appelée *Barégine,* dont l'abondance se manifeste principalement au contact de l'air. Quant aux propriétés électriques elles possèdent des courants assez faibles (Gigot-Suard).

Les sources de Cauterets se distinguent en outre par une gradation précieuse dans leur thermalité. Leur température varie, suivant les sources, de 16o7c à 58 degrés centigrades.

Neuf établissements thermaux sont appropriés à leurs usages et à leur mode d'emploi, c'est-à-dire, pourvus à cet effet de tous les appareils que comporte la science au moment actuel, comme installation balnéaire.

Les sources peuvent se diviser topographiquement en trois groupes :

Groupe de l'EST ou Pic-les-Bains, comprenant : la S. César, Espagnols, Pauze vieux, Rocher, Rieumizet, et Bruzaud.

Groupe de l'OUEST ou de Péguère, constitué par les sources de la Raillière.

Groupe du SUD, Pic-du-Bois ou du Tuc, comprenant : Mauhourat, les Œufs, le Bois, Petit St-Sauveur, le Pré et les Yeux.

Le tableau suivant indique la température et l'abondance des diverses sources minérales.

			Température	Débit en litres de chaque source.
			degr. cent.	
Groupe de l'EST......	César....................................		48,40	224,775
	Espagnols................................		48,20	92,392
	Pauze nouveau............................		»	
	Pauze vieux..............................		43,00	55,152
	Sulfureuse nouvelle......................		»	11,160
	Rocher...................................		30,00	120,000
	Rieumizet................................		16,7	28,360
Groupe de l'OUEST....	La Raillière.............	Source chaude.............	38,7	74,000
		Source tempérée du N......	»	17,000
		Source tempérée du S......	37,5	20,000
Groupe du SUD........	Le Pré...................................		48,00	31,248
	Petit Saint-Sauveur....	Source vieille............	34,00	26,690
		Source nouvelle...........	»	98,000
	Maubourat................................		50,00	21,600
	Les Yeux.................................		34,00	2,840
	Les Œufs.............	Source A.			
		— B.			
		— C. réunies en un	55,00	890,000
		— D. seul griffon.		
		— E.		
		— F.		
	Le Bois..............	Source chaude.............	43,3	21,600
		— tempérée...........	33,7	8,640
				1,440,457

2

— 17 —

Origine des eaux sulfureuses thermales. — On trouverait peut-être peu de personnes aujourd'hui, dont
l'esprit ne s'est pas une fois arrêté sur la question si
intéressante de l'origine des eaux sulfureuses. Les
physiciens et les chimistes, les philosophes et les natu-
ralistes de tous les temps, ont cherché à pénétrer dans
les entrailles de la terre pour y découvrir la cause du
calorique terrestre et la nature des corps qui provien-
nent de ses profondeurs. La diversité des opinions
émises jusqu'à ce jour, est encore, il faut l'avouer,
une triste preuve des bornes de l'esprit humain ; nous
allons néanmoins énumérer succinctement quelques-
unes des principales hypothèses qui ont été avancées à
ce sujet, afin que le lecteur puisse se former une
opinion satisfaisante de la question.

Origine de la chaleur des eaux minérales. — Les
savants de l'antiquité, Aristote entre autres, admet-
taient que la terre absorbe dans ses couches profondes,
les rayons calorifiques du soleil. S'il en était ainsi, on ne
constaterait pas une aussi grande uniformité dans la
température des eaux thermales à des saisons opposées
de l'année.

Pythagore, Empédocle et Sénèque, donnent au calorique, comme point de départ, les mêmes régions
souterraines ; mais ils attribuent à celle-ci des conditions spéciales, c'est-à-dire, une combustion de certains
éléments de nature ignée.

Au treizième siècle, le célèbre dominicain Albert-le-
Grand, prétendit que la chaleur des eaux minérales

résultait de courants aqueux souterrains, qui, échauffés par la chaleur centrale du globe, viennent s'épancher à la superficie du sol. Descarte entra dans les mêmes vues que ce savant.

Laplace vint enfin donner une explication plus entraînante aux hypothèses précédentes, par une théorie plus conforme aux faits observés et des déductions plus rationnelles. Il s'exprime dans les termes suivants: « Si on conçoit que les eaux pluviales, en pénétrant dans l'intérieur d'un plateau élevé, rencontrent dans leur mouvement une cavité de trois mille mètres de profondeur, elles la rempliront d'abord, ensuite acquerront à cette profondeur une chaleur de 100 degrés au moins, et, devenues par là plus légères, et se vaporisant, elles s'élèveront et seront remplacées par des eaux supérieures; en sorte qu'il s'établira deux courants d'eau, l'un montant, l'autre descendant, perpétuellement entretenus par la chaleur intérieure de la terre. Ces eaux en sortant de la partie inférieure du plateau, auront évidemment une chaleur bien supérieure à celle de l'air au point de leur sortie. » (*Annales de chimie et de physique* 1820, t. 13, p. 412).

Il résulte de ce qui précède que le feu central est admis en principe par les modernes, comme dès la plus haute antiquité; toutefois, les explications de l'époque moderne sont beaucoup plus complètes et plus concluantes; ce qui va être dit de l'origine de la minéralisation, va nous en donner une preuve convaincante.

Origine de la minéralisation des eaux thermales. — Berzelius, Fodéré et Anglada, sont venus confirmer

dans ces derniers temps l'existence d'un foyer central,
soit que la chaleur ne se traduise à l'extérieur que par
les eaux chaudes, soit qu'elle donne lieu à des volcans.
Mais ils ont de plus invoqué une action électro-motrice
dépendant de la disposition des roches. D'après eux,
ces étranges couples voltaïques constitueraient autant
de foyers de réactions propres à développer un calorique d'une intensité extrême et qui serait subsidiairement la cause essentielle de la minéralisation des eaux.
On sait, en effet, combien le fluide électrique est favorable à la décomposition et à la combinaison de certains corps indifférents ou à peu près, hors de son
action. C'est un des agents les plus puissants que l'on
connaisse pour opérer ces changements. Le gaz ammo-
niac, le gaz sulfhydrique, les gaz hydrogène carboné
et phosphoré, sont décomposés par un courant d'étin-
celles électriques; dans d'autres circonstances l'étin-
celle électrique favorise la combinaison de l'oxygène
avec l'hydrogène pour former de l'eau, de l'oxigène
avec l'azote pour former de l'acide azotique, qui, en
présence d'une base, soit de chaux ou de potasse,
donne lieu à un sel de l'un ou de l'autre de ces alcalis.
L'eau par son action dissolvante, la chaleur agissant
dans le même sens, la pression incommensurable à laquelle sont soumis certains corps gazeux dans les entrailles de la terre, sont autant de moyens employés
par la nature dans la détermination de ses phénomènes
et de ses produits.   -

Les connaissances plus étendues de la chaleur terrestre et celles de la composition des terrains qui cons-

tituent la surface de notre globe, permettent en outre de préciser plus approximativement le point d'origine des eaux thermo-minérales. Ainsi les terrains primitifs plutoniques voltaïques ou cristallins, sont composés principalement de silicates de potasse, de soude et d'alumine. Les secondaires sont constitués par des carbonates calcaires, des sables, des cailloux et des débris d'animaux et de végétaux. L'eau qui émerge de la terre avec des traces d'éléments minéralisateurs de la première catégorie, doit nécessairement provenir de leur gisement. Mais on ne saurait toutefois regarder ces relations comme absolues, puisque les terrains massifs ou primitifs, les terrains de transition ou secondaires peuvent dans certaines localités former la couche la plus superficielle (Richard); c'est ce que l'on voit, en effet, dans les pyrénées, où le granit massif, le gneiss, le micachiste, etc., forment (à Cauterets) la croûte extérieure de diverses montagnes. C'est d'après cet ordre d'idées mêmes que MM. Bayen, O. Henri et Filhol ont été conduits à admettre que les eaux sulfurées sodiques empruntent leur monosulfure de sodium aux terrains secondaires ou même tertiaires, formés de bancs de houille, de sel gemme et de sulfate de soude. On conçoit en effet, que ces derniers composés, sous l'influence d'une haute température et d'une pression dont on ne saurait calculer la portée, puissent se transformer, en présence des matières hydro-carbonées et des chlorates, en sulfures de sodium et subsidiairement en carbonate de soude, en silicate et en chlorures alcalins.

Des considérations qui précèdent, on ne peut s'em-

pêcher d'admettre avec l'appui de toutes les autorités
scientifiques de notre époque, que la terre recèle dans
ses profondeurs un foyer de chaleur naturelle et incontestable, indépendant de toutes les actions électro-
chimiques inhérentes à la nature des divers terrains ; et
que l'intensité de ce calorique sur l'eau soumise à son
influence et sollicitée par une pression sans mesure, constitue un moyen d'une puissance extrêmement énergique,
capable de provoquer à la surface du sol l'expansion
des liquides chargés d'éléments chimiques résultant
des combinaisons intérieures de notre globe. Nous
pensons que ces détails, un peu écourtés, seront néanmoins suffisants pour entraîner d'une manière satisfaisante la conviction du lecteur, que nous avons eu à
cœur simplement de mettre au courant des idées les
plus accréditées de la science moderne, et que nous
renvoyons aux travaux spéciaux de géologie pour une
étude plus approfondie.

§ II.

PROPRIÉTÉS CHIMIQUES.

Les analyses dont on a conservé les renseignements
se rapportent à une époque peu ancienne. D'après ces
documents, les eaux minérales de Cauterets contiennent
du gaz hydrogène sulfuré, du sulfate de soude, une
substance bitumineuse, et plusieurs sels qui s'y trouvent dans des proportions un peu différentes des eaux
de Baréges. Les analyses de Raulin sont assez incom-

plètes. Il faut arriver à Poumier, qui, en 1813, fit l'analyse qualitative simplement de l'eau de la Raillière et des Espagnols. Ce chimiste constata comme éléments minéralisateurs, le muriate de magnésie calcinée, le muriate de soude, le sulfate de magnésie et de chaux ; le sous-carbonate de chaux, la silice, du soufre et une matière végéto-animale.

En 1823, Lonchamps chercha à déterminer quantitativement les éléments de composition d'un litre d'eau de la Raillière, et constata les proportions suivantes :

En chaux.................	0^{g}0044
Magnésie...............	0,0004
Soude caustique..........	0,0033
Sulfudre de sodium......	0,0194
Sulfate de soude........	0,0443
Chlorure de sodium.....	0,0495
Silice.................	0,0610
Barégine..............	
Potasse caustique.......	Traces.
Ammoniaque..........	
Azote	0,0040

0^{g}1827

La présence de la soude et de la potasse caustique montrent combien laisse à désirer aujourd'hui une telle analyse. Les connaissances chimiques prouvent, en effet, que ces substances ne peuvent exister qu'à l'état de sel et non à l'état libre (Anglada). Orfila, détermina en 1833, la quantité de sulfure de sodium ;

et, de concert avec M. Pailhasson, de Lourdes, ils trouvèrent en sulfure de sodium dans les sources

De César et des Espagnols.	0ᵍ0302
De Pauze................	0,0241
De la Raillière..........	0,0181
De Mauhourat..........	0,0117
Des Œufs..............	0,0098
Du Bois...............	0,0060

Plus récemment, O. Henri, Gintrac, François, Buron, Latour et Reveil, se sont livrés successivement aux mêmes recherches expérimentales. Mais le chimiste auquel on doit les données les plus exactes sur les sources de Cauterets, est le professeur Filhol, directeur de l'École de Médecine et de Pharmacie, de Toulouse. Ses travaux sont d'autant plus précieux, qu'ayant fait l'analyse de toutes les sources des Pyrénées, il a pu donner à chacune d'elles, par voie de comparaison, sa valeur relative. Ainsi, cet habile chimiste attribue une supériorité aux eaux de Cauterets sur ses analogues, par la stabilité de l'élément sulfureux qui entre dans leur composition, et sous bien d'autres rapports, comme nous le verrons plus loin.

Tableau indiquant les proportions des principes minéralisateurs dans chacune des sources de Cauterets.

SOURCES.	Sulfure de sodium.	Sulfure de fer.	Hydro-sulfite de soude	chlorure de sodium.	Sulfate de soude.	SILICATE			Phosphate de chaux et magn., Borate de soude, Iodure de potassium, fluor.	Silice.	Matières organiques.	Azote.
						de soude.	de chaux.	de magnés.				
César............	0g0239	tr. ab.	»	0,0718	0,0080	0,0656	0,0451	0,0007	traces.	»	0,0450	22cc 33
Espagnols.........	0,0231	id.	»	0,0706	0,0089	0,0648	0,0470	0,0007	»	»	0,0480	22, 30
Pauze vieux........	0,0189	id.	»	0,0779	0,0098	0,0456	0,0305	tr.	»	»	0,0464	21, 65
Rocher............	0,0130	id.	0,0012	»	»	»	»	tr.	»	»	»	»
Rieumizet........	»	id.	0,0004	»	»	»	»	»	»	»	»	»
La Raillière {Sce chaude	0,0177	id.	»	0,0598	0,0467	0,0031	0,0324	tr.	»	0,0495	0,0350	22, 50
La Raillière {Sce t. du S.	0,0177	id.	»	0,0565	0,0596	0,0086	0,0296	tr.	»	0,0316	0,0350	23,10
Le Pré............	0,0170	id.	»	»	»	»	»	»	»	»	»	»
Petit Saint-Sauveur..	0,0135	id.	0,0010	»	»	»	»	»	»	»	»	»
Mauhourat........	0,0165	id.	»	0,0800	0,0075	0,0625	0,0450	0,0007	»	»	0,0460	23, 90
Les OEufs.........	0,0149	id.	»	0,0955	0,0107	0,0731	0,0295	0,0003	»	»	0,0481	25, 84
Les Yeux..........	0,0179	id.	»	»	0,0075	0,0625	0,0450	»	»	0,0170	0,0350	23, 95
Le Bois..........	0,0081	id.	0,0067	0,0657	0,0435	0,0075	0,0435	tr.	»	0,0170	0,0350	23, 95

Ordre des Sources par décroissance des principes minéralisateurs.

En Sulfure de Sodium.	Principes alcalins.	Silicate de Soude.	Silice libre.	Chlorure de sodium.	Matière organique.
César......... 0,0239	Espagnols.... 0,1356	Les Œufs.... 0,0750	La (S.t.. 0,0516	Les Œufs... 0,0790	Espagnols.. 0,0482
Espagnols...... 0,0231	César........ 0,1353	César....... 0,0656	Raill.(S. ch.0,0195	Mauhourat.. 0,0800	Les Œufs... 0,0481
Pauze vieux..... 0,0189	Mauhourat... 0,1217	Espagnols.... 0,0648	Le (S. t.. 0,0283	Pauze vieux. 0,0779	Pauze vieux. 0,0464
Les (S. supér. 0,0182	Les Œufs.... 0,1159	Mauhourat... 0,0625	Bois.(S.ch. 0,0058	César..... 0,0178	Mauhourat.. 0,0460
Œufs.(S. ABCEF 0,0128	Pauze vieux.. 0,0950	Pauze vieux.. 0,0456		Espagnols.. 0,0706	César...... 0,0450
La Raillière..... 0,0177	Le (S. temp.0,0709	Le (S.ch... 0,0102		Le (S. ch. 0,0746	Le (S. ch. 0,0360
Le Pré......... 0,0170	Bois.(S. ch.. 0,0562	Bois:(S.temp.0,0047		Bois.(S. t.. 0,0528	Bois.(S. t. 0,0540
Mauhourat..... 1,0165	Le Rocher.... "	La (S. ch.. 0,0086		La (S. ch. 0,0398	La Raillière. 0,0550
Le Petit (S. v... 0,0135	La Raillière... 0,0582	Raill.(S.temp.0,0051		Raill.(S. t.. 0,0565	Hyposulfite de Soude.
St-Sauv.(S. n... 0,0012	Le P. St-Sauv. 0,0564				Le (S. ch. 0,0075
Rocher......... 0,0150	Rieumizet.... "				Bois.(S. t.. 0,0062
Le (S. chaud. 0,0107	Le Pré...... "				Rocher..... 0,0012
Bois.(S. nouv.. 0,0045					P. St-S. n.. 0,0040
Rieumizet...... "					Rieumizet.. 0,0004

Nota. Il est digne de remarquer que le Bois et la Raillière n'ont que très-peu de sels alcalins, mais qu'en revanche, ces eaux contiennent une grande proportion relative de silice libre.

En examinant la série des groupes établis dans le tableau ci-dessus, on serait tenté de croire *à priori* que l'intensité de l'action thérapeutique doit correspondre au rang que les proportions minérales assignent à chaque source. Malheureusement il n'en est pas toujours ainsi. On sait, en effet, que l'activité physiologique et thérapeutique des médicaments est loin de se trouver toujours en raison directe de leur proportion, et que les différences dans les doses entraînent souvent des changements plus saisissables dans le caractère que dans le degré de leurs effets (Durand-Fardel).

Les eaux minérales en général peuvent être considérées comme fortes ou faibles, mais ces désignations sont plutôt applicables aux proportions relatives des éléments d'une même classe qu'aux classes entre elles. Développons notre pensée : dans la catégorie des sources sulfureuses par exemple, quelques milligrammes de sulfure de sodium suffisent pour donner à une eau minérale un degré d'activité physiologique très-intense, tandis que la même dose de bi-carbonate de soude, d'un chlorure ou d'un sulfate quelconque, ne procureront pas à telle autre le même degré d'intensité. C'est donc la nature du principe minéralisateur et son mode d'affinité chimique avec les autres éléments de composition qui déterminent la minéralisation dominante d'une source plutôt que la proportion plus ou moins forte d'un principe actif. On se tromperait étrangement, si on ne tenait pas grand compte de ces vues en thérapeutique. En effet, le principe dominant peut être contre balancé, neutralisé, pour ainsi dire dans son action, par les principes étrangers en présence. Ainsi les bains de César sont moins énergiques en résultat que ceux de la Raillière, à la même température ; et cependant la sulfuration de César est représentée par 0 gr. 0239 de sulfure de sodium ; tandis que celle de la Raillière, source chaude, est de 0 gr. 0177, les autres principes qui leur sont communs sont dans des proportions relativement supérieures dans la deuxième source, de façon à lui imprimer une activité nouvelle qui s'ajoute à celle du sulfure de sodium plus faible que dans la première. En effet, le sulfate de soude et la silice sont en quantité considérable dans les eaux de la Raillière, mais ces rapports sont inverses pour les eaux de César. Il découle de ces considérations que l'activité dynamique des eaux minérales, « *est la résultante des actions partielles des divers principes constituants subordonnée à leur action réciproques ; action réciproque se combinant et formant en définitive la signification propre, le tempérament, pour ainsi dire, de chaque source minérale en particulier.* »

Les eaux de Cauterets sont d'une sulfuration moyenne, c'est-à-dire douées d'une richesse supérieure aux sources sulfureuses thermales et inférieure à celles qui contiennent le plus de sulfure de sodium, telles que Luchon, Baréges, le Vernet, Olette, etc. Elles peuvent néanmoins rivaliser avec ces dernières, pour l'intensité physiologique dans beaucoup de circonstances. Un bain de la Reine à Luchon, préparé à 35 degrés ne contient pas plus de sulfure de sodium qu'un bain de la Raillière à Cauterets, à cause du mélange d'eau froide nécessaire pour ramener l'eau de Luchon de 57 degrés à 35. Les 37 degrés de l'eau de la Raillière dispensent d'un tel mélange (Gigot-Suard).

Baréges possède également un degré supérieur de sulfuration; ainsi l'eau du Tambour, contient 0^s0404 de sulfure de sodium, mais la température étant de $44°25$, il est indispensable de la ramener à une température inférieure par une addition d'eau refroidie comme à Luchon, ou par une évaporation, moyen toujours regrettable, parce qu'il atténue considérablement l'énergie de son action. En outre, ne contenant pas de silice libre et très-peu de silicates alcalins (Filhol), elle ne bénéfie point du haut degré de sulfuration qui lui est propre, comme cela a lieu pour les eaux de Cauterets; car il est démontré aujourd'hui que ces derniers principes facilitent l'absorption du soufre ou des composés sulfureux dans les mailles des tissus organiques. C'est ce qui résulte du moins de la théorie de M. Mialhe. « Ce qui manque aux sources de Baréges, dit M. Filhol, c'est la variété des températures et des sulfurations que l'on rencontre à Luchon et à Cauterets. » Nous ajouterons : c'est une alcalinité toute spéciale à Cauterets. Baréges est complétement dépourvu des eaux douces et hyposthénisantes, et de ces eaux de force moyenne dont l'usage gradué permet aux malades d'arriver sans inconvénient à celui des eaux le plus fortement minéralisées. Aussi les eaux de Baréges sont-elles considérées comme très-excitantes. (Eaux minérales des Pyrénées). Elles sont moins favorables au traitement de certaines dermatoses que les eaux de

Cauterets et de Luchon , par exemple , pour les herpétides humides et sécrétantes ; mais elles sont plus
efûcaces, en revanche, que celles de ces deux stations
contre les herpétides à forme sèche. Enfin, il est digne
de remarque que le traitement gradué de Cauterets
expose moins souvent à des récidives.

Nous aurions à signaler presque les mêmes inconvénients pour le Vernet, dont les eaux minérales sont
affaiblies et altérées par des mélanges refroidissants.

La matière organique existe en grande abondance dans
les eaux de Cauterets, comme dans beaucoup d'autres stations pyrénéennes, sous forme d'une matière
blanchâtre, filandreuse ou glaireuse. Cette substance
a pris divers noms, suivant l'inspiration des chimistes
qui se sont occupés de la composition chimique des
eaux minérales. Ainsi, Anglada l'appelait *Glairine ;*
M. Lambron veut qu'on la désigne sous le nom de *Sulfurine ;* Lonchamp lui donne celui de *Barégine ;* Fon-
tan préfère le nom de *Pyrénéine,* parce qu'elle se
trouve en abondance dans presque toutes les eaux thermales de la chaîne des Pyrénées. Nous conserverons
avec M. Filhol celui de Barégine, à raison de la men-
tion primitivement établie dans les eaux de Baréges.

Quoiqu'il en soit de ces diverses appellations, la matière organique a deux manières d'être ; elle est cons-
tituée en premier lieu, par un élément organique,
amorphe, qu'on peut désigner par le nom de *sulfurose,*
matière floconeuse, gélatineuse, membraneuse ; en
second lieu, par une substance organisée, azotée, présentant les attributs de l'organisation propre aux ani-

maux et aux végétaux, que l'on nomme *sulfuraire*, parce qu'elle est plus particulière aux eaux sulfureuses. Ce second élément organisé est composé de végétaux de l'ordre des conferves et d'animalcules microscopiques de la tribu des helminthes, des oscillaires, des crustacés appartenant à la classe si nombreuse des infusoires.

« Les produits de la décomposition de la sulfuraire sont désignés sous le nom collectif de *sulfurine*. Au fur et à mesure que les eaux s'altèrent par le contact de l'air, la sulfurose diminue pendant que la sulfurine augmente (Gigot-Suard). » Nous admettons d'autant plus volontiers l'opinion de notre honorable confrère que nous avons démontré dans notre opuscule sur la *Dégénérescence des eaux sulfureuses*, une instabilité remarquable et continue de l'élément organique de la part de l'oxygène de l'air et des influences extrêmement variées de l'état de l'atmosphère.

Nous dirons enfin que l'abondance de la matière organique paraît être directement en rapport avec l'alcalinité des sources. Ainsi, les Œufs, Mauhourat, César et les Espagnols en contiennent beaucoup plus que le Bois et la Raillière.

TROISIÈME PARTIE

ÉTABLISSEMENTS THERMAUX DE CAUTERETS.
INSTALLATIONS BALNÉAIRES.

---

§ I.

GROUPE DE L'EST (du Pic-les-Bains).

A. THERMES DE CÉSAR ET DES ESPAGNOLS. — Les
sources dites de César et des Espagnols n'ont été conduites à Cauterets que vers l'année 1840. Avant cette
époque, on les utilisait à leur point d'émergence du
sol. Pour en rendre l'usage plus facile, on fit pendant
quelque temps l'expérience de leur transport à Cauterets, même au moyen de tuyaux de conduite, soutenus
en l'air par des pieux en forme de tréteaux. On alimenta
ainsi pendant quelque temps un petit nombre de baignoires, construites en planches, installées dans une
baraque, à l'emplacement des Thermes actuels. Et,

comme les résultats continuaient à témoigner de la même efficacité chez les malades, on opéra alors la descente des eaux en masse par la construction du mur que l'on voit aujourd'hui reliant Pauze-Nouveau au monument qui fut édifié à cette occasion.

Cet établissement, d'un aspect imposant par son style architectural et ses proportions grandioses, est un de ceux qui saisit le plus les visiteurs ; entièrement construit en marbre et granit, il se présente avec les belles colonnes de son portique et son fronton triangulaire, à l'instar d'un temple de l'antiquité.

L'enceinte est divisée en deux parties ; celle de droite, renferme les bains de la source des Espagnols, celle de gauche, ceux de César. A l'extrémité de chaque galerie se trouvent les cabinets des douches à haute pression, munis de mélangeurs et d'un thermomètre fixe pour régler la température. Enfin, à côté de ces cabinets, il en est d'autres installés pour les bains de jambes à eau thermale courante.

Au centre, on aperçoit, en entrant, la magnifique buvette de l'établissement, présentant deux robinets ; celui de droite, pour l'eau des Espagnols, celui de gauche, pour celle de César. De chaque côté, un élégant escalier encadre cet espace, et aboutit à l'étage supérieur du milieu de la nef. On trouve à gauche un vestiaire spacieux qui précède la salle de pulvérisation des Dames, et qui communique avec la pièce destinée à l'inhalation. Les réservoirs d'eau chaude, d'eau tempérée et d'eau froide, sont disposés plus en arrière et dans les combles de l'édifice. En outre, chaque cabinet de bains, sous l'étage que nous venons de décrire, est muni d'une douche parabolique pouvant se modifier à volonté, en jet ou en arrosoir. Ces cabinets viennent de recevoir une amélioration importante, par l'addition de vestiaires très-habilement appropriés.

A l'entrée de la galerie de César, on monte à gauche, par un escalier, à la salle de pulvérisation des hommes; au côté symétriquement opposé dans la galerie des Espagnols, on remarque le cabinet de consultation pour les indigents. Au rez-de-chaussée de ces deux parties du bâtiment, sont aussi installés les chauffoirs pour les besoins du service.

L'intérieur de cet établissement laisse peu à désirer sous le rapport de l'hygiène et de ses installations; cependant, les grandes douches mériteraient d'être un peu mieux éclairées. L'administration va prendre des mesures pour obvier à cet inconvénient.

B. ÉTABLISSEMENT BRUZEAUD. — Situé à 30 mètres au nord du précédent; ce bâtiment tombe en ruines, et est complétement abandonné depuis quelques années, vu que la source qui l'alimentait s'est tarie. On fait des projets de réédification pour y recevoir la source de Pauze-Vieux.

C. ROCHER ET RIEUMIZET. — La source du Rocher est située à l'est de Cauterets, à 80 mètres environ au Nord-Est de la précédente. Elle émerge du sol sur le flanc de la montagne de Pic-les-Bains, au-dessous et non loin des sources de Pauze-Vieux, de César et des Espagnols. Une galerie transversale longue de 75 mètrès, pratiquée dans le terrain tertiaire ou calcaire jurassique à blocs de granit roulés, a été nécessaire pour arriver à la roche en place, où l'on a établi le griffon de la source.

Le bâtiment primitif qui renfermait la source du Rocher a été délaissé par suite de son insuffisance, et les propriétaires y ont avantageusement suppléé par la construction d'un édifice élégant, confortable et bien approprié aux deux sources à la fois du rocher et de Rieumizet. Bâti sur la plate-forme d'une prairie à l'entrée du parc, cet établissement renferme dans son intérieur une belle galerie de face et deux latérales. Les cabinets de bains et de douches très-bien éclairés, donnent accès sur ces trois galeries. En face l'entrée principale se trouve une buvette, et sur les côtés deux rotondes assez mal disposées pour des gargarismes. 23 cabinets de bains, 2 bains de siége à eau courante avec douche vaginale, une douche rectale, et deux cabinets pour les grandes douches, constituent l'installation balnéaire du Rocher et de Rieumizet. Il est bon de noter que le côté gauche du bâtiment est alimenté par la source du Rocher, et celui de droite par celle de Rieumizet.

D. ÉTABLISSEMENT DE PAUZE-VIEUX (altit. 1045ᵐ). — En gravissant la montagne de Pic-les-Bains, c'est le premier bâtiment que l'on rencontre à l'est de Cauterets. Construit il y a vingt ans environ, il est d'une apparence gracieuse, et renferme tout le confortable possible.

Il se compose d'une buvette (à 42°) de 10 cabinets de bains, de 2 cabinets de douches, précédés d'un ves-

tiaire, donnant sur un vestibule très-spacieux et surtout bien éclairé. Il contient un système de douches
ascendantes et descendantes en bonnes conditions,
mais la pression de ces dernières laisse un peu à
désirer.

E. BUVETTE DE CÉSAR A LA GALERIE. — Au-dessus de
Pauze-Vieux, et à 30 mètres environ, on rencontre une
vaste chambre où dans la paroi du mur on a réuni à
côté l'un de l'autre, les tuyaux de César et de Pauze-
Vieux. Un robinet permet de boire en cet endroit même
l'eau de César. Sa proximité de la source lui fait attribuer une efficacité plus grande, mais l'expérience a
démontré qu'on ne devait pas tenir grand compte de
cette différence.

F. ÉTABLISSEMENT DE PAUZE-NOUVEAU. — Placé à
35 mètres environ au nord et au-dessus du précédent,
cet établissement est alimenté par la source César la
plus anciennement connue de toutes celles de la station. Ainsi que son nom l'indique, son historique doit
au moins se rapporter à l'époque de la domination
romaine dans les Gaules; les vestiges des anciennes
constructions en sont un témoignage authentique.

Ce bâtiment renferme une buvette, 10 cabinets de
bains, un cabinet de douches vers le milieu de son
vestibule, le tout imparfaitement éclairé. Les douches
ont une disposition primitive et une pression très-fai-
ble. Le seul mérite de cet établissement, c'est d'être
rapproché du griffon de la source même, si toutefois
cette situation constitue en sa faveur une valeur réelle,

ou plutôt appréciable, ainsi qu'il vient d'être dit plus haut pour la buvette de la Galerie.

§ II.

GROUPE DE L'OUEST.

ÉTABLISSEMENT DE LA RAILLIÈRE. — La célébrité des eaux minérales de la Raillière ne paraît pas remonter à une époque aussi reculée que celle de César, mais les documents anciens, datant de deux ou trois siècles, lui donnent déjà une vogue qui s'est considérablement accrue, surtout depuis une cinquantaine d'années. Son degré de sulfuration moyenne, sa faible alcalinité, sa température naturellement appropriée à son utilisation immédiate au sortir de la roche, et surtout sa spécificité remarquable contre les affections des voies respiratoires l'ont fait surnommer avec raison la *Reine des Pyrénées*. Ce qui légitimerait jusqu'à un certain point la justesse de cette appellation, c'est la haute importance que lui donnent tous les praticiens, et surtout les merveilleux effets qui résultent de son usage ; c'est aussi l'affluence considérable des visiteurs, je dirai presque le culte dont elle est l'objet, car elle constitue en quelque sorte la base du traitement dans la majorité des maladies adressées à notre station.

Les sources de la Raillière sont au nombre de trois, désignées sous le nom de source chaude, source tempérée du nord, et tempérée du sud. Elles émergent de la montagne à la base du pic de Péguère, à 1500 mètres environ de Cauterets, et à 35 mètres au-dessus du lit du Gave. Ces trois sources sourdent à 15 et 20 mètres les unes des autres et à peu près au même niveau. La source chaude est placée au milieu des deux autres et correspond au centre même de l'établissement construit pour leur usage.

L'établissement de la Raillière a la forme d'un long parallélogramme rectangulaire dirigé du Nord au Midi. Il communique de plein pied avec une vaste terrasse, que l'on se propose d'abriter contre l'air vif, si préjudiciable aux malades affectés de maladies des voies respiratoires.

En face l'entrée de cet édifice, et extérieurement, on remarque un pavillon vitré, destiné aux gargarismes ; pièce insuffisante, qui réclame, à bref délai, une appropriation plus convenable. L'expérience faite des nouveaux gargarisoirs de César, doit hâter certainement les réparations réclamées pour la Raillière. Nous croyons qu'il suffirait à ce propos de diviser en casiers de 70 centimètres le canal où circule actuellement l'eau destinée à entraîner les malpropretés ; et de creuser à leur centre une excavation en forme de cuvette, au fond de laquelle s'ouvrirait un conduit qui prendrait les liquides pour les porter directement au dehors. Un léger filet d'eau commune serait chargé, dans chaque compartiment, de pourvoir à un nettoyage continuel.

La buvette de la Raillière, située en face l'entrée principale, présente deux robinets. Le parcours de l'eau du griffon aux robinets n'a que 5 mètres, et son conduit traverse le réservoir d'eau chaude jusqu'à 1 mètre près des robinets ; favorable disposition contre toute perte de chaleur native et des principes minéralisateurs.

De chaque côté de la buvette, et dans toute la longueur de la galerie, sont établis les cabinets de bains qui sont au nombre de 32. Les bains les plus rapprochés du griffon donnent une température de 38° centigrades ; les plus éloignés celle de 35°. Il existe en outre 4 cabinets pour les douches ascendantes vaginales.

On a opéré l'an dernier une importante amélioration. On a installé un petit bassin en marbre, surmonté de deux robinets à 1ᵐ 30 du sol, précédant la buvette. C'est là que l'on prend l'eau dérivée de la source même pour les gargarismes, tandis qu'auparavant les personnes préposées aux robinets étaient chargées de ce soin ; c'était le vrai moyen de faciliter le service et de prévenir l'encombrement. On doit donc savoir gré à l'administration de la Compagnie fermière de cette heureuse innovation.

Nous nous sommes très-préoccupés cette année des fâcheuses conséquences occasionnées chez quelques malades par le voyage à la Raillière. Nous ne pouvons nous dissimuler que le mode de transport laisse beaucoup à désirer, et que la terrasse de la Raillière, où règne parfois un air assez vif, exige des améliorations impérieuses. Nous pensons être agréable à nos honorables confrères en les informant que l'association médicale de Cauterets a fait des démarches les plus actives auprès de la Compagnie fermière, afin d'obtenir la des-

cente d'un filet de cette source à Cauterets même.
Nous croyons savoir en outre, que le service des omnibus sera organisé d'une manière plus confortable.

Enfin, la grande route des voitures débouche à l'extrémité sud de l'établissement, qui présente une vaste
remise pour les chevaux pendant que l'on va boire,
gargariser ou se baigner.

Le bureau des omnibus qui font le service est situé
tout à côté.

§ III.

GROUPE DU SUD.

Quoique les eaux de ce groupe et de celui du centre
présentent des caractères généraux à peu près identiques à celles du nord, elles s'en distinguent par la
nature des terrains d'où les eaux jaillissent. En effet,
ces derniers sont de nature calcaire et schisteuse pour
les sources du nord, ceux du sud sont essentiellement
granitiques; mais, ainsi que nous l'avons dit plus haut,
cette division topographique des sources ne saurait
justifier une classification chimique exactement en
rapport avec les éléments de composition qui constituent ces roches de gîsement. Il faut en définitive
apprécier par-dessus tout les effets physiologiques et
thérapeutiques des sources, but capital de la science
hydrominérale.

A. ÉTABLISSEMENT DU PETIT SAINT-SAUVEUR (altit.
1065ᵐ). — L'établissement du Petit Saint-Sauveur

situé à 250^m de la Raillière, sur la route du Mer-
cadou, et à 50^m du pont de Benqués, a été recons-
truit il y a 3 ans. La grande analogie de ses eaux
minérales avec celles de Saint-Sauveur-de-Luz, lui a
valu le nom qu'il porte aujourd'hui. En effet, elles
sont douées d'une action calmante et sédative qui leur
est commune.

Vers le commencement de ce siècle, sa source alimentait quatre baignoires en planches, disposées dans
une simple cabane, qui fut remplacée en 1818 par
une construction en pierre, renfermant dix baignoires
en marbre assez mal installées.

En 1868, je fus prié par le propriétaire de me joindre à mes confrères de Cauterets, pour délibérer sur
une reconstruction plus vaste et mieux appropriée, et
de lui communiquer mes avis personnels ; j'ai la satis-
faction de constater aujourd'hui que l'édification s'est
opérée conformément aux propositions dont j'ai conservé
les notes.

Ce gracieux établissement, adossé au pic du Tuc et
à l'entrée du pont d'Espagne, a donné au paysage un
aspect attrayant, de triste et sauvage qu'il était au para-
vant. Bâti sur un petit monticule, à dix mètres au
moins au-dessus du lit du Gave, dont il est séparé par
des blocs énormes de granit, par la route de la vallée,
et toute la largeur de sa vaste terrasse, cet édifice domine une admirable cascade et fait face au magnifique
panorama de Cauterets. Il n'a pas à redouter les ava-
lanches du pic de Péguère qui est en face, à cause de
sa pente presque perpendiculaire à sa base. Cette dis-

position du terrain fait qu'un bloc qui se détacherait de la roche épuiserait nécessairement la force de sa vitesse acquise dans le lit même du Gave , et l'empêcherait de remonter vers l'établissement.

Ce bâtiment renferme un vestibule très-spacieux, bien éclairé et aéré , donnant accès à 17 cabinets de bains , à deux cabinets de douches vaginales ; il existe aussi un cabinet pour les grandes douches , avec système de mélangeurs. La spécificité bien acquise de ses eaux minérales contre les affections utérines le placent au rang des plus importants de la station.

B. ÉTABLISSEMENT DU PRÉ (altit. 1075^m). — Situé à 50 mètres au couchant du précédent , en remontant le cours du Gave , cet établissement présente une installation défectueuse ; et cependant les eaux du Pré jouissent d'une grande renommée , surtout chez les Espagnols , contré les rhumatismes et les affections de l'estomac. « Nos voisins viennent faire une neuvaine à Cauterets pour boire à Mauhourat et se baigner au Pré. Ils prennent ces bains à la température de la source (47° c.) , et d'une durée de 30 minutes ; après quoi ils s'enveloppent dans une couverture de laine pour déterminer une sudation des plus actives (1). » Ce traitement énergique est ordinairement suivi des plus heureux résultats, mais il suppose, on doit ajouter, une organisation des plus solides , il comporte par conséquent beaucoup de prudence et de précaution , si on ne veut manquer le but qu'on se propose.

(1) Docteur Moinet. *Eaux minérales de Cauterets*, 1872.

On trouve dans ce bâtiment : une buvette , 16 cabinets de bains , et un système de douches à faible pression.

Les eaux qui l'alimentent sont remarquables par la petite quantité de glairine et la saveur styptique que l'on constate dans les eaux de Luchon.

C. GROTTE ET BUVETTE DE MAUHOURAT (altit. 1102ᵐ). — Si du Pré, on continue à remonter le cours du Gave, on parvient , à 50ᵐ de distance, au griffon de la source de Mauhourat , et à la grotte qui vient après. Le nom de Mauhourat qui rappelle un mauvais trou , donne une idée de l'isolement et du danger qu'offrait autrefois l'approche de cette source. Qu'il nous soit permis ici d'émettre encore le vœu de quelques réparations mieux appropriées à la construction de la grotte même. Outre l'avantage de boire l'eau le plus près possible de la source , les buveurs viennent fréquemment y contempler aussi la magnifique cascade qui fait l'admiration des baigneurs et des Touristes, et dont les gerbes d'eaux miroitent au soleil comme de vrais cristaux.

BUVETTE DU PONT DE BENQUÉS. — Il était déjà en principe arrêté par la compagnie fermière qu'un établissement spécial pour les eaux du Bois devait être ultérieurement construit sur ou près l'emplacement de la buvette de Mauhourat , située encore aujourd'hui au bout du pont de Benqués. Nous appelons de tous nos vœux une si importante amélioration ; mais la société médicale de Cauterets a réclamé l'an dernier, la descente des eaux du Bois à Cauterets ; si ce projet se réalise, il n'y aurait plus de raison pour ajourner indéfiniment la réparation de la buvette qui doit être conservée au point où elle est actuellement. La Buvette de Mauhourat, après celle de la Raillère, est la plus suivie ; soit à cause de ses propriétés spéciales, soit à raison de sa thermalité propre. Sa suppression au pont du Benqués serait donc à notre avis un fait des plus regrettables.

D. SOURCE DES YEUX. — A 8 ou 10 mètres au-dessus de la grotte de Mauhourat, la roche présente une fente au fond d'un angle rentrant ; et c'est là, à 3^m d'élévation qu'on voit s'échapper, de fissures irrégulières, des filtrations nombreuses que les malades viennent recueillir dans le creux de leurs mains pour lotionner leurs yeux affectés. Cette eau à peine chaude, douce au toucher, fait éprouver une sensation de picotement très vif à la muqueuse conjonctivale. On pourrait encore ici, à peu de frais, organiser une installation plus convenable. Son efficacité dans un grand nombre d'affections occulaires légitime nos réclamations.

E. ÉTABLISSEMENT DU BOIS (altit. 1147^m). — C'est l'établissement le plus éloigné et le plus élevé de la station. Nous sommes porté à croire, ainsi que nous l'avons dit plus haut, que ses sources seront conduites un jour à Cauterets sans inconvénient pour leur propriétés thérapeutiques, et qu'on pourvoira à une meilleure installation des moyens hydro-balnéaires. L'abondance des deux sources du Bois, leur thermalité élevée, et leurs vertus curatives dans certaines affections rhumatismales, constituent en leur faveur une spécialité d'eau minérale qui vient augmenter la richesse de la station ; nous en ferons ressortir la valeur quand nous traiterons de la thérapeutique de ces maladies.

F. SOURCE DES ŒUFS. — Les sources des Œufs, au nombre de 6, sont réunies en un même conduit, et captées à 20m environ après celle des yeux dans la roche qui borde le lit du Gave.

Le tuyau destiné à la conduite des eaux des Œufs (ainsi appelées parce que des bergers y faisaient cuire autre fois des œufs) fut amené en principe près le pont de la Raillière, où, jusques en 1867, nous avons vu cette masse d'eau minérale s'épandre dans les prairies, sans profit aucun pour l'humanité. On avait cependant distrait un petit filet pour alimenter un robinet à côté de celui de Mauhourat, dans la buvette de Benqués.

Ce n'est qu'en 1867 que, l'administration sollicitée par le corps médical de Cauterets, posa les fondations de l'établissement des Œufs ; monument remarquable, destiné à l'utilisation de ce volume énorme d'eau minérale jusqu'alors perdu.

Les Thermes des Œufs, chef-d'œuvre du genre, se présentent sous un aspect gracieux et imposant à la fois. Les proportions dans les détails comme dans l'ensemble y sont combinées de façon à lui imprimer le

achet grandiose des anciens thermes, sans tomber toutefois dans cette prodigalité de compartiments, plus en
accord avec la sensualité des peuples de l'antiquité, que
compatibles avec nos habitudes sociales et la sévérité
de nos mœurs.

Les Thermes des Œufs, terminés en 1868, sont
établis au pied du pic ombragé, qui domine le couchant
de Cauterets. La façade principale regarde la ville et
par conséquent le Levant. La vaste prairie qui l'entou-
rait a été convertie jusqu'au Gave, en esplanade
presque horizontale, implantée d'arbres vivaces et par-
semée d'immenses tapis de verdure, offrant çà et là
quelques massifs de plantes et de fleurs variées. Je ne
peux encore taire ici le vœu que j'ai souvent exprimé
pour l'agrément de Cauterets : L'aspect de ce vaste
promenoir nous paraît un peu triste avec ses maigres
plantations ; un ou deux jets d'eau, si faciles à établir,
seraient certainement de nature à rompre la monotonie
de ce grand tableau, à animer le paysage, et à s'har-
moniser parfaitement avec le monument qui en dépend.

Dans son ensemble, cette belle construction présente 47 mètres de façade sur 45 mètres de profondeur.
Un magnifique portique, suppporté par quatre su-
perbes colonnes, orne l'entrée de l'édifice qui est précédée d'un escalier de marbre à grandes proportions.
Le rez-de-chaussée est exclusivement consacré aux installations hydro-balnéaires ; la partie supérieure constitue le Casino.

En entrant, on se trouve au centre de la galerie

principale (6m50 de larg.), dont les extrémités se continuent à angle droit avec une galerie secondaire, presque aussi spacieuse que la précédente (5m). Les cabinets de bains ont accès sur ces larges vestibules. Le côté gauche est réservé aux dames et le côté droit aux hommes.

Au fond des galeries secondaires se trouvent les douches à haute pression (de 12m de portée), écossaises, en lames, en arrosoir, à piston varié, circulaires, en cercles, en cloches, ascendantes, périnéales, lombaires, dorsales à épingle, hypogastriques, de jambes et de pieds, bains de siége à épingles, bains de siége et de jambes simples etc.

En outre, tous les cabinets de bains ordinaires sont pourvus d'ajutages pour douches vaginales et douches paraboliques. De plus, il existe de chaque côté une salle de repos, pouvant servir également aux pratiques du massage.

Enfin, le quatrième côté du rectangle est occupé par la piscine la plus vaste qu'il y ait en Europe. Elle a 26m50 de long, sur 10,80 de large et 6m de hauteur. Très-bien éclairée, et surtout bien ventilée au moyen de tuyaux à dégagement supérieur. Du côté des hommes, la profondeur de l'eau est de 1m30; du côté opposé, il n'y a que 75 centimètres d'eau. On descend dans le bassin par des gradins disposés aux deux extrémités. Cette inclinaison du plafond permet aux jeunes enfants, comme aux adultes, de profiter des avantages si précieux de la natation et de la gymnastique, car on a eu le soin de disposer des cordes à nœud et des trapèzes pour faciliter les exercices. 26 cabinets sont installés aux extrémités de cette vaste nappe d'eau, dont la température varie de 27 à 30 degrés c., et dont le courant d'eau minérale pure est continuellement renouvelée. Dans la galerie qui est réservée aux dames, il existe également une piscine, mais beaucoup plus réduite.

L'étage supérieur, du Casino, est occupé : l'aile droite, par la salle de spectacle et des concerts ; la partie centrale, par une pièce vaste servant de foyer, avec accès sur le péristyle ; l'aile gauche, par le salon de lecture, contigu à une salle de billard ; puis vient la salle de jeu ; enfin le grand salon restaurant, dont la décoration est remarquable de luxe et de bon goût.

C'est M. Ch. Durand, habile architecte de la ville de Bordeaux, qui a dressé le plan de cet admirable édifice ; et c'est M. Mécéra, architecte et directeur actuel des établissements thermaux de Cauterets, qui en a dirigé les travaux.

QUATRIÈME PARTIE

ACTION PHYSIOLOGIQUE DES EAUX DE CAUTERETS

L'action physiologique des eaux minérales, en général, se traduit par des manifestations fonctionnelles ou pathologiques de nos organes ; mais cette action ne saurait se déduire rigoureusement de la composition chimique des eaux qui les produisent ; aussi convient-il pour le médecin hydrologue de connaître séparément l'action de chaque source et les modifications des principales fonctions de l'organisme, afin d'apprécier la valeur thérapeutique de chacune d'elles.

Ordinairement au quatrième jour, chez les enfants et au huitième chez les adultes, l'usage des eaux thermales manifeste leur action. Au premier degré de cette influence, le malade ressent le plus souvent un bien être particulier ; une expression d'amélioration se révèle dans son maintien, ses allures et l'animation de son teint ; preuve évidente d'une activité nouvelle dans

4

la circulation, la calorification et les fonctions digestives. Voilà l'excitation physiologique, le *remontement*
général des forces (Bordeu) qu'il faut produire sans le
dépasser.

A un degré plus élevé, et par une augmentation
progressive du traitement, il arrive, suivant l'idiosyncrasie des sujets, que l'exaltation des fonctions dé-
passe les limites normales de la calorification et de la
circulation générales; il se produit alors des congestions
de plus en plus accentuées, des troubles digestifs ou
nerveux, de la lassitude et de la somnolence; une irritation même vers certains organes peut se déclarer,
et l'économie entière se trouve alors sous une influence
fébrile d'autant plus intense que le traitement a été
imprudemment continué. C'est cet état que l'on désigne généralement sous le nom de fièvre thermale. Cette
fièvre, si bien caractérisée par le docteur Gigot-Suard,
est « le résultat de la saturation de l'organisme, provo-
qué par le défaut d'assimilation des eaux, la congestion
active, ou l'exaspération d'un état pathologique existant. » On comprend combien il importe d'éviter une
telle perturbation pour guérir les malades. MM. Trousseau et Pidoux, sont très-explicites à ce sujet; ces
médecins célèbres prétendent « qu'il n'est nullement
besoin de violenter l'organisme pour triompher des
maladies. » Nous devons néanmoins reconnaître que
dans certains cas on a modifié très-avantageusement
des états chroniques invétérés, en suscitant un certain
degré d'excitation thermale. Lorsqu'on voudra la prévenir on devra procéder par des doses faibles et gra-

duelles ; et, quand on aura à combattre les symptômes déjà produits, on devra suspendre le traitement ou tout au moins atténuer les prescriptions établies. Nous avons vu des baigneurs découragés aux premiers symtômes d'excitation thermale, décidés à rentrer chez eux, prétextant que les eaux leur étaient contraires, et se féliciter huit jours après d'avoir cédé à nos conseils pour les retenir. La diminution des doses ou l'interruption absolüe pendant 48 heures, avait suffi pour dissiper un physiologisme exagéré, et permettre la reprise du traitement, qui se continuait ensuite avec une tolérance souvent remarquable.

SECTION I.

Usage interne des eaux de Cauterets.

A. Action physiologique sur la circulation. — Nous nous sommes livré à la recherche des effets produits par les eaux sulfureuses thermales, sur le système circulatoire ; voici le résultat de nos investigations pour les eaux en boissons :

Ces effets ont été peu appréciables pendant les premiers jours, quand la dose ingérée ne dépassait pas un demi verre. Mais, dès le cinquième où le sixième jour, chez les adultes, nous avons chaque fois noté une sédation du pouls pendant les premières heures qui suivaient l'ingestion de l'eau. Puis survenait une réaction, qui produisait une augmentation dans les pulsations pendant deux ou trois heures, après lesquelles le pouls revenait à son chiffre initial.

La période de sédation et de réaction nous ont paru en rapport avec l'intensité de la thermalité, avec l'abondance des doses et la durée du traitement. Aussi, César, les Espagnols, les Œufs et Mauhourat, ont donné lieu aux mêmes effets physiologiques que la Raillière, avec la différence toutefois que les réactions produites par cette dernière source étaient relativement plus énergiques, et que pour les premières, la période de sédation était moins accentuée et précédée en outre d'un léger mouvement d'excitation. D'après les observations de M. le docteur Armieux, médecin principal à Baréges, l'effet sédatif des eaux sulfureuses sur le système vasculaire ne se ferait sentir qu'au bout d'un certain nombre de jours de traitement; ce qui lui fait dire que les eaux sulfurées sont consécutivement sédatives de l'appareil circulatoire.

B. ACTION SUR LA CHALEUR DU CORPS. — Indépendamment du degré thermométrique des eaux minérales, qui, ingérées à une température supérieure à celle du corps humain, peuvent lui céder du calorique en excès, il faut reconnaître aussi que les propriétés excitantes des éléments chimiques qu'elles renferment, sont de nature à exalter le calorique normal. Et puis, ne devons-nous pas tenir grand compte de l'action thermo-électrique qui préside aux changements incessants de l'assimilation et de la désassimilation organiques? Toujours est-il que la chaleur du corps s'accroît en moyenne d'un degré et trois dixièmes après un usage prolongé de nos eaux thermales (Gigot-Suard).

C. ACTION SUR LA RESPIRATION. — Les eaux de Cauterets augmentent en général les fonctions respiratoires ; mais leur action varie avec les tempéraments, l'état pathologique, la dose de l'eau ingérée et surtout avec la durée du traitement. Sous l'influence de doses modérées, une constitution moyenne ressent, en peu de jours, une liberté plus grande dans l'amplitude et l'expansion de la poitrine ; il en résulte une hématose plus large et plus complète. Mais si cette activité pulmonaire persiste, les malades éprouvent de la gêne à la gorge qui devient le siége d'une irritation ; les inspirations deviennent plus fréquentes et moins étendues ; il survient de la toux, et une expectoration de matières muqueuses, produites par les bronches et la trachée. Enfin, si le traitement est poursuivi inconsidérément, cet état peut se compliquer de congestions actives, d'autant plus graves que les sujets y sont plus prédisposés. Les sources les plus propres à produire cette action pathogénitique sur les organes pulmonaires sont : la Raillière, César et les Espagnols ; tandis que celles de Mauhourat, des Œufs et du Pré, portent leurs effets plus spécialement sur les voies digestives et urinaires.

D. ACTION SUR LA DIGESTION. — Les sources de Cauterets employées en boisson sont : la Raillière, Mauhourat, César, les Espagnols, Pauze-Vieux, les Œufs, et le Pré. Les premières se digèrent plus facilement que les secondes.

En général les eaux les plus élevées en température sont le mieux tolérées. Ainsi, Mauhourat et César sont mieux supportées par l'estomac que la Raillière. Les eaux du Rocher et de Rieumizet sont si altérées dans leurs principes minéralisateurs que l'absorption en est très-laborieuse; il en résulte une intolérance de l'estomac, au point qu'une dose peu élevée détermine des vomissements ou un effet purgatif plus ou moins prononcé.

L'eau de Mauhourat est supérieure à celle des autres sources par sa facile digestion et ses effets immédiats sur les voies urinaires.

Les eaux prises en boissons ne tardent pas à développer un appétit nouveau, et une soif parfois très-vive; les secrétions et les excrétions naturelles augmentent ou tarissent, il en résulte de la sécheresse à la bouche, à la gorge. Bientôt, si l'époque de la fièvre thermale est passée et que la tolérance soit établie, l'appétit continue, mais les secrétions et excrétions se régularisent; l'assimilation devient plus active, ce qu'on reconnaît à la coloration et à la fraîcheur de la peau ; enfin l'habitus du sujet indique manifestement la reprise des forces et le retour à la santé.

E. ACTION SUR LES VOIES URINAIRES. — Toutes les eaux de Cauterets ont une action marquée sur les organes urinaires, mais l'eau de Mauhourat jouit d'une électivité supérieure à celle de toutes les autres sources.

Aussi, prise en boisson, elle provoque une miction plus abondante, mais surtout une excrétion très-chargée, pendant les premiers jours, de débris muqueux, de principes uratés ou terreux, de cristaux d'oxalates de chaux, d'urates de soude, parfois de phosphate ammoniaco-magnésien, sans irritation des organes euxmêmes (Gigot-Suard). En effet, chez les individus robustes, atteints de diathèse urique, nous avons porté la dose de l'eau à un litre et demi par jour, tant à la source qu'au repas, et nous n'avons point constaté de symptômes d'irritation ni de fluxion organiques.

L'eau de la Raillière augmente aussi la secrétion urinaire après quelques jours de boissons, mais elle se distingue de la précédente par une excitation des conduits vecteurs pouvant produire une inflammation assez vive, même au début. Nous pourrions, sans crainte de nous tromper, en rapporter la cause à la présence de la silice libre contenue dans l'eau de la Raillière, et dont on ne trouve aucune trace dans celle de Mauhourat. La propriété dominante de la Raillière est donc éminemment excitante sur les voies urinaires, comme sur les voies respiratoires, tandis que celle de Mauhourat est simplement diurétique mais surtout franchement dépurative. César, les Espagnols, Pauze-Vieux et les Œufs, sont diurétiques mais ne provoquent aucune irritation comparable à celle qui est spéciale à la Raillière.

F. ACTION SUR L'INNERVATION. — La grande faiblesse des malades les soumet parfois à l'influence nuisible de toute sorte d'agents extérieurs, qui, dans l'état de santé ne produiraient sur eux que des impressions à peine sensibles. Se trouvant dans un état qui tient de la convalescence, ils sont incommodés au moindre froid, et abattus par une chaleur plus ou moins intense; les odeurs fortes leur occasionnent quelquefois des défaillances; les organes de la locommotion sont dépourvus d'énergie : Dans ces conditions, les facultés intellectuelles, le plus souvent, perdent une partie de leur activité, les perceptions, l'attention et l'imagination, suivent la décroissance organique. Sous l'influence alors d'une mécation thermale bien dirigée, l'assimilation d'aliments réparateurs vient bientôt augmenter l'élément organique en défaut et relever en même temps son énergie fonctionnelle.

Il en résulte conséquemment dans ces cas une plus grande résistance de la part du système nerveux, une incitation de plus en plus active, qui contribue nécessairement au remontement général de l'économie. Les eaux de Cauterets si propres à provoquer cette excitation organique et à activer les forces assimilatrices viennent ranimer avantageusement l'innervation en régularisant son fonctionnement.

G. ACTION SUR LE SYSTÈME CUTANÉ. — D'après l'action stimulante des eaux sulfureuses, il est facile de prévoir que la peau doit éprouver des modifications importantes. L'activité organique retentit jusque dans cette enveloppe générale du corps, qui est l'expansion du système vasculaire et nerveux; et la rapidité avec laquelle cette influence se manifeste est quelquefois vraiment surprenante, surtout chez les enfants. La chaleur cutanée, quoique peu sensible au thermomètre, acquiert bientôt un degré plus élevé, le réseau des capillaires s'injecte plus complétement, les arborisations conjonctivales sont plus apparentes ; enfin la coloration générale de la peau et des muqueuses atteste une circulation plus active du liquide sanguin et par suite une vitalité nouvelle, qui exaltent les fonctions du système cutané, jusqu'à produire des sueurs profuses ou des éruptions dont le caractère est très-important à constater.

Ces effets, qui constituent la poussée thermale, sont généralement plutôt le résultat du traitement externe que celui des eaux prises à l'intérieur. Nous dirons toutefois, que l'eau de la Railliére agit sur la peau plus activement que toutes les autres sources par le privilége de l'excitation qui lui est propre.

SECTION II

Usage externe des eaux de Cauterets.

BAINS.

L'action des bains d'eaux minérales sur le corps de l'homme, produit des effets différents, suivant leur température et les éléments chimiques qui les constituent. En général, on distingue les bains; en bains froids, d'une température de 18° c.; en bains tièdes, d'une température de 33°; et en bains chauds, à la température de 36° et au-dessus. Par bains frais, on désigne ordinairement un bain à 25° c.; par bain tempéré, celui qui a 30°, et par bain chaud, celui dont la température présente 42° et au-dessus. On comprend sans doute que les chiffres de cette classification ne sauraient être absolus, car les effets d'un bain varient avec la susceptibilité de la personne qui le prend, le plus ou moins d'habitude qu'elle en a, sa force de constitution et la durée de l'immersion.

Voici le résultat de notre observation sur les effets produits :

Bains à la température normale (de 33° à 35° cent.). Après dix minutes dans un bain à 34° centigrades, nous avons noté constamment une diminution dans le nombre de pulsations, variant en moyenne de 8 à 12 par minute. Après le bain, le pouls reprenait de sa fréquence; et, deux ou trois heures après, les pulsations s'élevaient moyennement de 10 à 24 par minute, sur le chiffre initial. Nos expériences personnelles et celles des personnes soumises à l'examen, nous ont confirmé que l'effet primitif des bains de Pauze-Vieux, de César, des Espagnols, du Bois, du Rocher, même de la Raillière, avait pour conséquence, un ralentissement du pouls. Nous pensons néanmoins, qu'à part cette action sédactive commune qui est pour nous incontestable, il peut exister des différences sensibles entre ces diverses sources, si on les examine individuellement ; mais qu'une telle expérimentation, pour être rigoureusement faite, exige des précautions infinies.

Bains au-dessous de la température normale (de 30° c.)
Les bains pris à cette température ont une action
physiologique qui diffère de celle résultant de ceux
qui sont pris à la température normale, par l'effet tonique qui s'en suit. Mais ce résultat devient bien plus
énergique, si on porte la température du bain à 25° et
au-dessous ; la réaction qui accompagne alors le bain
devient très-active, pourvu toutefois que la durée n'ait
pas été par trop prolongée.

*Bains au-dessus de la température normale (de 36
à 42° c.).* Il est aisé de voir que les bains produisent des
effets généraux se rapprochant beaucoup des bains ordinaires à la même température. Il en est également
pour les bains chauds, comme pour les bains au-dessous
de la normale.

Après l'immersion dans un bain à cette température
le pouls s'accélère, la chaleur générale augmente
promptement, on éprouve des picotements à la peau,
de l'engourdissement dans les membres, de la pesan-
teur à la tête, un besoin d'uriner se fait promptement
sentir ; et, la transpiration qui ne se remarquait qu'au
visage pendant le bain, devient profuse et générale,
surtout si on vient à se coucher immédiatement.

Les bains chauds, et mieux encore les bains très-
chauds, entraînent après eux, contrairement aux
bains frais ou froids, un affaiblissement général, une
débilité organique, qui, heureusement est beaucoup
atténuée par l'action excitatrice des principes minéralisateurs que contiennent les eaux ; ce qui justifie en

quelque sorte l'absorption cutanée, si controversée dans ces derniers temps.

Demi-Bains. — Les demi-bains agissent sur le système circulatoire comme les grands bains, mais d'une manière moins énergique et proportionnée à l'étendue du corps immergé. Les demi-bains, autrefois si usités à Cauterets, rendent compte jusqu'à un certain point des propriétés excitantes et révulsives de la Raillière. Les grands bains que l'on prenait à cette source, déterminant sans doute une réaction trop énergique, durent être, à une époque, remplacés par les demi-bains qui, tout en agissant sur une certaine étendue du corps, avaient le double bénéfice d'une dérivation salutaire. Cette pratique, en grande faveur encore aujourd'hui, a les avantages des bains généraux sans en avoir les inconvénients.

Bain de siége à eau courante. — Les bains de siége à eau courante activent la circulation capillaire dans la région abdominale inférieure; modèrent, à une température normale, l'excitation trop élevée des organes intérieurs; ou agissent, à une température plus élevée, par voie de dérivation ou de révulsion dans le cas de congestions internes.

Bain de jambes à eau courante. — Ces sortes de bains sont des moyens révulsifs très-énergiques, d'autant que la température des Thermes de César est à 44°, et celle des bassins des Œufs à 45° au moins. Il importe de ne pas en prolonger la durée chez les individus très-irritables; et de ne point passer brusquement à l'air frais de l'extérieur, ayant soin de promener activement dans les vestibules des établissements.

PISCINES

Les bains de piscine si suivis autrefois, puis tombés en désuétude, reviennent en honneur depuis ces der· niers temps. Toutes les objections soulevées contre ce mode d'emploi tombent d'elles-mêmes, quand on se place dans les conditions avantageuses de Cauterets, avec une si vaste nappe d'eau, dont le renouvellement s'opère continuellement, et avec l'installation intelligente au point de vue de l'hygiène et du confortable.

Comme lotions générales, comme bains médicamenteux et comme gymnastique, les bains de piscine sont d'un précieux secours dans la médecine du jeune-âge.

DOUCHES DESCENDANTES

Les douches descendantes ont une action supérieure à tous les moyens externes qui précèdent. Anciennement elles consistaient principalement dans des affusions sur une partie plus ou moins étendue du corps, mais les modernes regardent la percussion qui résulte de la chute du liquide comme le principal élément de l'action de ce moyen. Elles constituent un massage puissant par l'alternative de pression et de dilatation qui se produisent, et un topique médicamenteux par·

l'application directe, immédiate, de l'eau minérale sur les surfaces soumises à leur action. De ce double effet résulte nécessairement une exaltation des fonctions absorbantes et secrétantes qu'il importe si fréquemment de mettre en jeu dans les affections chroniques.

Douches au-dessous de la température normale. — On obtient des effets analogues aux bains généraux isothermes, mais les réactions sont d'autant plus énergiques que l'eau est plus froide et la durée de l'application plus courte.

Douches au-dessus de la température normale. — Ces douches produisent des effets analogues aux bains chauds ou très-chauds, ayant la même chaleur, avec cette différence que la percussion et les vapeurs qui transforment le cabinet en une véritable étuve exagèrent considérablement les effets propres à la douche.

Douches à la température normale. — La température de l'eau ne produisant pas les effets primitifs que l'on constate pour les bains froids ou chauds, il en résulte simplement une pression du jet de la douche à laquelle il faut rapporter les résultats que l'on obtient. C'est donc dans ces circonstances à l'intensité de la percussion, à sa durée, à sa direction et au diamètre du jet, sans négliger l'action minérale, qu'il faut rapporter l'énergie de la réaction consécutive.

Douches en pluie ou en arrosoir. — La pression d'une multitude de filets d'eau agissant sur une même surface constitue un mode d'emploi très-avantageux dans l'enfance et même chez beaucoup d'adultes, dont l'état de santé ou le tempérament irritable méritent de grands ménagements. Tandis que la douche en pluie ou en poussière borne son action à la peau, la douche en jet ou en colonne agit sur les parties plus profondes, les plans musculaires, le parenchyme des organes intérieurs, en leur faisant subir une sorte de massage. Il ne faut pas désespérer d'arriver à ce résultat si préalablement on fait usage de la douche en pluie. D'ailleurs il est facile de remédier à la violence d'une douche en *brisant* le jet par l'application du pouce sur l'ouverture du piston.

DOUCHES JUMELLES ET ÉCOSSAISES

L'action simultanée d'une douche froide et d'une douche chaude constitue la douche dite *Jumelle*, qui s'emploit pour préparer le malade à recevoir la douche *Écossaise*, dans laquelle on fait alterner l'eau froide avec l'eau chaude. Les effets de la première sont le résultat de la percussion simple, mais ceux de la seconde sont d'une énergie sans égale dans les applications, surtout lorsque la douche est douée d'une haute pression, comme à Cauterets. Le froid et le chaud alternativement appliqués sur une partie du corps y déterminent une réaction des plus rapides et des plus intenses en augmentant la capillarité et par suite la circulation jusque dans les parties profondes du corps. On comprend tout le parti qu'on peut retirer d'un tel moyen dans les affections chroniques et profondes par la révulsion puissante qu'il détermine.

DOUCHES ASCENDANTES

Les douches vaginales sont très-employées à Cauterets. Presque tous les établissements sont pourvus des appareils nécessaires. Les Thermes des Œufs ne laissent rien à désirer sous ce rapport. Ces douches sont sédatives si on les prend au-dessus de 36°, pourvu qu'elles soient de courte durée; mais elles deviennent excitantes quand la température de l'eau employée est au-dessous de la normale. Elles sont encore sédatives consécutivement si l'eau est froide et la douche prolongée; les sources les plus aptes à produire ce résultat sont Rieumizet, le Rocher et le Petit St-Sauveur.

GARGARISMES.

Le gargarisme est un des modes d'emploi qui se pratique le plus à Cauterets, à raison des affections de la gorge qui s'y traitent avec un succès remarquable. Les sources de la Raillière, de César et des Espagnols sont celles que l'on emploie habituellement. La manière de procéder au gargarisme a donné lieu à des interprétations que nous ne reproduirons pas; nous dirons seulement que si pour l'avenir de la science, il est permis, louable, même de produire une idée nouvelle, la critique, qui en est toujours l'inséparable compagne, ne doit pas

plus apporter dans les débats des sentiments pas-
sionnés, qu'on ne doit d'autre part exagérer la portée
d'une assertion personnelle. Un philosophe a dit très-
judicieusement : L'orsqu'on tourmente la raison pour
une théorie nouvelle, c'est en vain qu'on voit ce qui
est juste et vrai, on ne peut suivre l'auteur :

> *Video meliora proboque,*
> *Deteriora sequor.*

Pour notre part, nous nous bornerons à indiquer la
manière simple et naturelle de se gargariser, en dehors d'une conformation anormale et sans rejeter absolument l'influence avantageuse, incontestable de la
gymnastique laryngienne sur la docilité des muscles
à moitié de cette région :

1° Faire une large inspiration, et remplir la bouche
à moitié d'eau minérale ;

2° Renverser la tête en arrière, de façon à re-
dresser l'angle formé par les premières voies avec le
larynx et les bronches ;

3° Relâcher les muscles postérieurs du pharynx
en élevant le menton pour soulever le larynx et le
faire aller ainsi au devant du liquide, qu'on laisse insensiblement descendre aussi bas que possible sans
l'avaler.

Ce troisième temps est, en somme, le plus important
du mode opératoire ; puisque c'est à ce moment que le
liquide est conduit sur les parties qu'on veut immer-
ger. Il importe de l'y maintenir le plus longtemps possible, sans produire le moindre bruit de *glouglou*,

comme on a l'habitude de le faire. Ces mouvements ne font qu'écarter le liquide des parties profondes, et sont par conséquent contraires au but qu'on se propose.

Dès que le besoin de respirer se fait trop vivement sentir, on fléchit la tête en avant, et on expulse le liquide pour recommencer la même manœuvre aussi souvent que la prescription en a été faite.

Quant à baigner l'intérieur même de la glotte, cela nous paraît moins indispensable qu'impossible. Toutefois, pour juger de la tolérance d'un liquide ou de la moindre parcelle d'un corps étranger dans cette cavité, sans invoquer le témoignage du premier venu, nous pouvons dire que la sensibilité, *y est naturellement exquise*, c'est-à-dire des plus développées, et que les larynx tolérants constituent des exceptions en dehors desquelles il y a plus à espérer de l'exploration laryngoscopique patiente que de la docilité du malade.

L'action dynamique de nos eaux, d'ailleurs, exerce certainement son influence sur la glotte quand bien même son application se bornerait à la région sus-épiglottique. S'il n'en était pas ainsi, pense-t-on que Cauterets aurait à enregistrer autant de cures du larynx sans cet heureux privilége ?

Quoi qu'il en soit de ces considérations, l'eau de la Raillière surtout, si réputée contre les affections chroniques du pharynx et du larynx, fait éprouver à ces parties des modifications importantes. La première fois que l'on boit cette eau ; on resssent un léger picotement à la gorge et une séchéresse momentanée ; après quelques jours de son usage, ces sensations sont remplacées par celles d'une gêne et d'une chaleur pénibles dues à une injection passagère de la muqueuse pharyngienne. On a vu quelquefois ces symptômes s'accroître au point de produire un violent enrouement accompagné de fièvre (grippe thermale).

PULVÉRISATION.

L'eau minérale n'est pas exclusivement employée en douches pulvérisées ou en vapeur dans les salles dites de pulvérisation, elle y est aussi fréquemment administrée en jet simple, très-délié d'un millimètre de diamètre. Ainsi, à l'aide des divers appareils, on peut produire : 1° Le *jet simple* pour doucher le fond des cavités ou conduits naturels ; tels que : pharynx, fosses nasales, conduit auditif externe ; 2° le *jet brisé* au moyen de la pelle ellypsoïde, pour dévier la colonne liquide en la divisant ; 3° le *jet au tamis* destiné plus spécialement à poudroyer l'eau minérale.

Dans notre opuscule sur la stabilité des eaux de Cauterets (1) nous avons indiqué le peu d'altération éprouvée par l'eau de la Raillière et de César, il était rationnel qu'on fit choix de ces deux sources pour le mode d'emploi dont il s'agit.

INJECTIONS. — LOTIONS.

L'eau de César s'est souvent montrée très-efficace,

(1) Eaux dégén., stabilité, 1872; E. de Larbés.

pour modifier la vitalité des plaies, des ulcères et des trajets fistuleux. On retire également de grands avantages des lotions faites avec la source des yeux à titre de collyre.

INHALATION. — HUMAGE.

Il existe aux thermes de César une salle d'inhalation dont l'installation est à refaire. Pour qu'un local de ce genre fut utile, il faudrait établir un mode de vaporisation différent, une ventilation plus convenable et une salle d'attente, pour éviter aux malades une transition brusque du vaporarium à l'extérieur. L'association médicale, préoccupée d'un moyen si utile dans un grand nombre d'affections des voies respiratoires, a soumis cette année à l'administration un projet à cet égard (1).

Au-dessus de Pauze-Nouveau, au griffon même de la source César, sont installés sous une voûte sombre, des tuyaux de humage pour cinq personnes seulement. Leur disposition nous paraît défectueuse sous plusieurs rapports : d'abord, la direction des bouches de vapeur est verticale, et exige que les malades aient la tête penchée ; les tuyaux sont trop étroits pour donner accès à une suffisante quantité de vapeur ; enfin la position à genoux devient très-pénible après quelques instants. Cette fatigue jointe à la congestion vers la tête, sont des inconvénients graves qui ne permettent pas

(1) L'idée du procédé proposé revient à notre honorable confrère le docteur Daudirac.

de longues séances, surtout aux personnes d'un tempérament sanguin.

MASSAGE.

Le massage consiste dans des pressions ou frictions méthodiquement répétées, opérées avec la main sur une ou plusieurs parties du corps. Ayant pour but de suractiver, de changer la constitution ou la vitalité des points affectés, le massage doit son grand crédit aux guérisons obtenues sans médicament, et surtout au grand bien-être qui suit ces sortes de manœuvres.

Cette pratique, si appréciée des anciens, semble avoir perdu chez nous de son importance; qu'il nous suffise cependant, pour en montrer toute l'utilité, d'exposer ses avantages et les indications principales (1).

Le massage agit; 1° sur la peau, en augmentant son exhalation vasculaire ou nerveuse et sa souplesse; 2° sur les muscles, et par conséquent sur l'intensité et l'étendue des mouvements, d'où une énergie nouvelle et des forces supérieures; 3° sur les articulations, par les manœuvres qui mettent en jeu l'élasticité des appareils ligamenteux, procurant une agilité plus grande dans l'exécution des mouvements. Toutes les fonctions en général, la respiration, la circulation, l'absorption et l'exhalation, etc, éprouvent la plus heureuse influence d'un massage méthodique, approprié à l'état du malade.

(1) M. Charton de Cannes, est chargé du massage à Cauterets.

« Les Kakims égyptiens, emploient le massement, dit le baron Larrey, à la suite des bains de vapeur, contre quelques maladies externes; ils l'opposent même assez à propos aux phlegmasies (1). » Espérons que cette innovation à Cauterets, sous la direction de M. Charton, y constituera un auxiliaire précieux du traitement thermal.

(1) Dict. des Sc. méd., T. 31, p. 80.

CINQUIÈME PARTIE

THÉRAPEUTIQUE

Malgré l'ennui, et quelquefois le danger qu'il y a pour les baigneurs, de se livrer à des lectures purement médicales, nous sommes tenus néanmoins de donner une certaine extension au chapitre que nous allons traiter, par la raison qu'il renferme les preuves les plus éclatantes de l'importance de Cauterets. Nous tâcherons toutefois d'être aussi concis que possible pour avoir droit à leur indulgence. Nous tracerons donc d'une manière succincte, d'abord les principales médications ou indications qui répondent aux effets physiologiques mentionnés dans la quatrième partie de notre travail; puis nous exposerons par ordre les maladies des grands systèmes organiques auxquels s'applique plus spécialement chaque source en particulier, en rapportant nos observations personnelles à l'appui.

D'une manière générale la thérapeutique a pour but, par l'emploi des médicaments, de produire dans l'économie des effets salutaires, que l'on peut distinguer en toniques reconstituants, excitants, révulsifs, substitutifs, résolutifs, dépuratifs, altérants et sédatifs. Nous allons voir jusqu'à quel point les eaux sulfureuses thermales de Cauterets sont susceptibles de remplir activement ces diverses indications.

SECTION I.

Indications générales

A. EFFETS TONIQUES RECONSTITUANTS. — On sait que ce n'est pas par l'action purement directe du fer que les eaux ferrugineuses agissent sur le liquide sanguin pour opérer sa reconstitution; mais plutôt en vertu d'une action dite vitale (que je qualifierai de catalytique), puisque l'expérimentation chimique a démontré que la guérison de la chlorose n'était nullement due au passage direct du fer dans la masse du sang, mais à son influence tonique et reconstitutive sur l'organisme en général. (Trousseau et Pidoux). Il n'y a pas de doute que nos eaux soient douées d'une action analogue; mais elles ont aussi individuellement des effets qui leur sont plus particuliers : ainsi, tandis que les sources de César, des Espagnols, des Œufs, et de Mauhourat, riches en sels alcalins et en chlorures, activent la digestion beaucoup plus que celle de la Raillière, celle-ci, en vertu de propriétés excitantes spéciales, augmente d'une manière remarquable le jeu des organes, la chaleur générale, par suite l'élaboration et l'assimilation des substances nutritives. De ce qui précéde on doit en conclure que si l'eau de la Raillière n'est pas au premier rang des sources directement assimilatrices, elle prend néanmoins une part très-active dans le travail de la digestion.

B. EFFETS EXCITANTS. — Nous avons implicitement exposé l'action de nos eaux minérales sous ce rapport dans le chapitre précédent, il nous suffira de retracer les principaux symptômes auxquels on reconnaît une exagération d'activité qui commande la diminution ou la suppression complète de leur usage.

Toutes les sources de Cauterets, à l'exception du Rocher et Rieumizet, peuvent déterminer l'excitation physiologique. Tant que cette action ne se traduit point par des troubles fonctionnels bien tranchés; tels que chaleur incommode, céphalée, lassitude ou mouvement fébrile, on peut maintenir les doses prescrites et n'augmenter qu'avec prudence le régime des eaux. Mais si les symptômes sus-énoncés se déclarent, soit qu'ils résultent d'un usage immodéré ou d'une intolérance de l'organisme, on devra suspendre le traitement jusqu'à nouvel ordre.

Chaque source a son excitation propre dont il est utile de connaître l'énergie. Si nous avons rangé le Rocher parmi les sources anodines ou faibles, il ne faut pas en conclure que l'eau soit complétement inactive. La dégénérescence de ces principes constitutifs la rend peu assimilable, de même que l'eau distillée devient indigeste à défaut des principes salins déterminant l'incitation physiologique.

L'eau de la Raillière, prise en abondance, porte ses effets sur les poumons, sur le système vasculaire du bassin, et sur les organes génito-urinaires.

César et les Espagnols déterminent plus promptement l'excitation que la source précédente; mais leurs effets ne sont pas comparables pour l'intensité à ceux de la Raillière, malgré la supériorité de leur minéralisation et de leur thermalité.

Les eaux du Bois, du Rocher et de Rieumizet s'appliquent avec plus de succès que les précédentes contre les affections nerveuses à cause de leur stimulation modérée. Elles rétablissent l'innervation dérangée en vertu d'une excitation qui leur est propre. On voit par là que la dégénérescence même d'une eau minérale peut lui communiquer des propriétés très-précieuses.

Nous devons ajouter enfin, que le plus haut degré d'excitation physiologique s'obtient de l'usage des douches. On doit par conséquent redoubler de prudence quand on allie journellement ce puissant moyen à l'usage interne, afin de calculer l'énergie suivant la résistance des forces organiques et constitutionnelles.

EFFETS RÉVULSIFS. — On entend par révulsion le déplacement d'une humeur ou d'un principe morbide vers une partie plus ou moins éloignée du siége de la maladie. Les moyens employés à cet effet prennent le nom de révulsifs, et c'est à la classe des excitants surtout que cette médication vient les puiser. Parmi les plus prompts et les plus énergiques on doit citer en première ligne les grandes douches, principalement quand on les applique au-dessus de la limite thermique; les demi-bains et les bains de jambe dans des conditions analogues remplissent les mêmes indications que les douches générales. Toutes les sources à thermalité supérieure peuvent produire les effets qu'on se propose par la révulsion, surtout si, à une haute température, vient se joindre une minéralisation spéciale. De temps immémorial, dans les affections chroniques du système nerveux, on dirige les moyens de dérivation sur les membres inférieurs, pour les lésions de l'encéphale, et sur les membres supérieurs pour celles de la poitrine. La dérivation nerveuse conduit en définitive aux mêmes résultats que la dérivation humorale ou sanguine.

Les douches aux Œufs sont les plus énergiques au point de vue de la percussion et de la thermalité; puis vient celle de César et des Espagnols. Si nous tenons compte de l'excitation propre à l'eau de la Raillière, on conçoit aisément qu'elle est susceptible de déterminer par les douches des effets physiologiques aussi intenses qu'aux Œufs; mais on ne saurait comparer leurs effets consécutifs en raison de leurs principes constitutifs et de leur excitation spéciale dont nous avons antérieurement parlé.

EFFETS SUBSTITUTIFS. — En hydrologie minérale on entend par substitution le remplacement d'un état pathologique par un autre dont la terminaison est prévue d'avance. D'après nous, il est possible d'obtenir trois modes de substitution dans l'emploi des eaux sulfureuses thermales :

1° Substitution par surcroît d'activité organique et fonctionnelle, ou changement d'état produit par un moyen franchement excitant; une douche locale, par exemple, appliquée au-dessus de la limite thermique : Une maladie aiguë, d'une guérison souvent prompte, peut être substituée à une maladie chronique dont la terminaison a une fin éloignée ou non prévue.

2° Substitution par production d'un état morbide analogue, mais d'origine différente : Fièvres déterminées par le quinquina, pour guérir des fièvres invétérées. On oppose ainsi une maladie artificielle à une maladie naturellement développée; fièvre thermale enrayant des fièvres d'accès rebelles, etc.

3° Substitution par déplacement ou déviation des manifestations pathologiques de nature diverse, sur des points plus ou moins éloignés du corps. On a pour but par ce troisième mode substitutif l'application du grand précepte hyppocratique « *Duobus doloribus simul oborlis , non in eodem loco , vehemenlior obscurat alterum.* » L'activité fonctionnelle déversée sur un grand nombre d'organes à la fois, les manifestations cutanées, diathésiques ou non, l'incitation nerveuse exaspérée sur des points distants de l'organe affecté, peuvent être produits tour à tour à Cauterets avec une intensité que

comportent la minéralisation des eaux, leur thermalité élevée et la haute pression de nos douches. De ces
divers modes de substitution, résulte ordinairement
une atténuation ou même une disparition de l'état pathologique existant.

EFFETS RÉSOLUTIFS. — Les eaux de Cauterets jouent
le rôle de moyens résolutifs par excellence. A l'aide
de l'excitation qu'elles provoquent, elles réveillent l'activité organique assoupie, elles raniment l'incitation
nerveuse éteinte, et ramènent ainsi l'état chronique à
l'état aigu, dont la terminaison bien dirigée, tend le
plus souvent, à la disparition de l'état pathologique.
Les douches de César, aidées de l'eau de Mauhourat en
boissons, provoquent ordinairement la résolution des
épanchements pleurétiques, des indurations, des hy-
dartrhoses et des tumeurs blanches. Ces changements
s'opèrent avec lenteur, mais le produit de l'engorgement
ou de la stase humorale, se dissipe, se résorbe, se dis-
sout en quelque sorte à la longue, sans laisser le plus
souvent aucune trace d'exsudation morbide. Il faut
donc s'efforcer de favoriser la résolution qui a pour but
de rétablir l'équilibre des forces normales ; la nature
elle-même incline par sa force conservatrice vers une
solution bénigne ; il s'agit, comme nous venons de le
dire, de diriger ses tendances naturelles par une ex-
pectation sage et prudente.

EFFETS DIURÉTIQUES ET DÉPURATIFS. — Les eaux de
Cauterets en général augmentent plus ou moins, sui-

vant les sources, la secrétion de l'urine. Mais leur action est bien différente, quant à la qualité du liquide excrété. Que l'on boive exclusivement de l'eau de la Raillière, de César ou des Espagnols et l'on constatera de l'urine peu chargée en dépôts salins ; mais si on fait un usage également exclusif de l'eau de Mauhourat, on obtiendra des urines très-chargées de débris organiques de sels uratés, et de principes trahissant fréquemment l'état pathologique existant. Cette action spéciale à l'eau de Mauhourat, établit en sa faveur un rôle dépuratif des plus remarquables, puisqu'il a pour résultat de dégager du sang et des liquides organiques des matériaux excrémentiels en excès, à la façon d'une crise naturelle.

L'eau de la Raillière, par son excitation primitive, tend à diminuer les sécrétions ; mais plus tardivement elle les favorise, et a même sur l'eau de Mauhourat une action plus marquée, quant aux glandes sudoripares ; d'où résulte ordinairement une diaphorèse que les autres sources ne sauraient égaler en intensité. C'est d'après ces vues que M. le docteur Gigot-Suard a avancé que les dépuratifs « modifient l'urination de manière à débarrasser, par la voie rénale, le sang des principes excrémentitiels qu'il contient en excès, que la quantité de la partie aqueuse de l'urine soit ou non augmentée. »

Tout récemment, à propos de l'action physiologique du borate de soude, expérimentée par MM. Rabuteau et Papillon, l'illustre M. Dumas a signalé à l'attention des physiologistes les grands avantages qu'on devait retirer du silicate de soude. Les propriétés antiputrides, antifermentescibles et dépuratives de ce composé, signalées par des hommes si considérables viennent confirmer la haute importance qui se rattache à la source de Mauhourat, et donner un nouvel éclat à sa renommée.

EFFETS ALTÉRANTS. — Si l'on entend par médicaments altérants ou spécifiques, ceux qui agissent directement sur l'élément morbide, certes le nombre en serait peu nombreux ; et ranger les eaux minérales dans cette catégorie, serait exagérer la portée de leur action. Cependant, il faut reconnaître, ce que l'expérience confirme tous les jours, que, sous l'influence de nos eaux sulfureuses, non-seulement les forces organiques se relèvent, mais encore l'élément sulfureux, sans être un spécifique dans le sens rigoureux du mot, joue un rôle spécial dans certaines dermatoses, dans le lymphatisme et la scrofule. « L'effet incisif de cette substance (soufre), suivant l'expression des praticiens est réel, et si les maladies lymphatiques que l'on veut combattre, reconnaissent pour cause la lenteur et la stagnation du fluide qui circule dans les vaisseaux de ce nom, on peut espérer du succès de son usage. » (Dict. sc. méd., T. 52, p. 189, Mérat et Fée).

S'il fallait établir chimiquement leur mode d'action dans les maladies, on serait tout aussi embarrassé que si on voulait démontrer le rôle que le mercure, l'iode ou l'or, jouent dans l'économie vivante. Ce n'est point en effet parce que la syphilis guérit avec le mercure, qu'il faut regarder ce dernier comme un contre-poison direct de la maladie vénérienne, mais bien parce que l'organisme guérit sous son influence. La cautérisation d'un chancre huntérien par le nitrate d'argent, en détermine souvent la guérison ; est-ce à dire que le sel argentique est un spécifique de la syphilis ? Nous pourrions encore rappeler ce que nous avons dit précédemment du fer, comme médicament tonique reconstituant. Qui pourrait dès lors refuser une action spéciale à nos eaux minérales sulfureuses de César, des Espagnols, de Pauze-Vieux, de la Raillière, de Mauhourat et des Œufs, dans les affections lymphatiques, scrofuleuses et herpétiques ? N'offrent-elles pas même, outre les succès constants, une certaine analogie dans les effets consécutifs, c'est-à-dire une saturation, une sorte d'intoxication sulfureuse, qui va jusqu'à concentrer sur un organe interne les effets d'une maladie cutanée ?

EFFETS SÉDATIFS. — Un médicament sédatif est celui qui modère l'action exagérée d'un organe ou d'un système d'organes. Nos eaux sulfureuses étant en général excitantes, il semble de prime-abord qu'elles ne sauraient produire la sédation. Néanmoins, ce résultat peut être obtenu avec certaines sources par voie directe, et avec d'autres par voie indirecte. Dans les cas d'asthénie, les troubles nerveux sont avantageusement traités par l'action tonique reconstituante de nos eaux, d'après le précepte, *sanguis moderator nervorum.* Mais quand la surexcitation affecte un ou plusieurs organes, les eaux peuvent encore, appliquées révulsivement, produire d'excellents résultats. Les eaux minérales du Rocher, du Rieumizet et du Bois, semblent néanmoins jouir de propriétés directement sédatives, non équivoques. L'action de la substance végéto-animale de ces eaux sur nos organes, de cette *gomme sulfureuse*, comme la désignait Alibert, et que nous appelons Barégine, Sulfurose, produit de la dégénérescence des eaux, donne lieu à des effets spéciaux dont la médication sédative retire les plus grands bénéfices. En outre, la sédation n'est-elle pas le plus ordinairement la conséquence d'une excitation déterminée intentionnellement sur un point éloigné d'un organe malade ? C'est sans doute à ces divers points de vue qu'on s'est placé, quand on a avancé que les eaux sulfureuses thermales de Cauterets étaient véritablement sédatives. (V. p. 51, action sur la circulation).

SECTION II

Indications particulières.

A. Voies digestives.

Affections de la bouche. — La bouche est une cavité naturelle qui concourt à l'exercice de trois fonctions ; la respiration, l'articulation des sons et la déglutition. Ce triple rôle suppose une activité considérable des

6

parties qui la constituent. En effet, l'action variée de l'air extérieur, l'usage plus ou moins exagéré de la parole et l'action immédiate d'aliments si divers, indépendamment des causes diathésiques particulières, exposent les éléments organiques de cette région à de fréquentes atteintes. Il en résulte, tantôt un état morbide chronique de la muqueuse buccale ou *stomatite*, de la muqueuse gingivale ou *gingivite*, de la muqueuse qui tapisse le palais ou *palatite*. L'inflammation, l'hypertrophie ou l'ulcération des amygdales doivent être soigneusement examinées, afin d'en préciser la cause et la nature. Ces lésions sont souvent en effet sous la dépendance d'un état constitutionnel qui les entretient ou les détermine. Il est d'observation journalière, que les eaux de César, des Espagnols, de Pauze-Vieux, de la Raillière et de Mauhourat, en boissons ou en lotions, modifient merveilleusement ces divers états morbides essentiels ou symptomatiques, par la stimulation, la substitution, et la résolution qui en est la conséquence habituelle.

AFFECTIONS DE LA GORGE. — Ces affections comprennent les diverses sortes d'angines; ce sont: l'angine *gutturale*, *pharyngée*, tonsillaire, glanduleuse, *œsophagienne*, *laryngée*, *trachéale*, *œdémateuse*, et pseudomembraneuse. L'inflammation chronique de la muqueuse qui les revêt, l'hypertrophie ou l'ulcération de ces points divers auxquels se rapoprte cette division anatomique est, comme à la bouche, avantageusement modifiée par les propriétés excitantes et résolutives des mêmes sources minérales. Dans ces circonstances les

lotions sont remplacées par les gargarismes, la pulvérisation, le humage, aidées parfois de la cautérisation.

On emploie avec succès l'eau de la Raillière en boisson, conjointement avec celle de César, dans les inflammations chroniques et catarrhales des fosses nasales,
(rhinite, coryza ou rhume de cerveau); dans celles du
pharynx, de l'estomac, des intestins (gastrorrhée et
diarrhée catarrhale). Dans les dispepsies essentielles
ou symptomatiques, la gastrite chronique et les vomissements bilieux, on a recours de préférence à la
Raillière et à Mauhourat en boissons, secondées par des
bains à la Raillière ou au Rocher.

Les engorgements chroniques du foie ou de la rate,
réclament l'eau de César et de Mauhourat à l'intérieur
et les bains de la Raillière, aidés des douches à César;
ceux des reins et de la vessie se trouvent mieux de
Mauhourat en boisson et des bains du rocher et de Rieumizet; ceux enfin des ovaires et de l'utérus sont plus
efficacement combattus par les bains du Petit Saint-
Sauveur, du Rocher ou Rieumizet, et l'eau de César
prise intérieurement. Comme traitement externe, on y
joint aussi parfois, à titre de révulsifs, les douches soit
locales soit générales aux mêmes sources.

Revenons aux angines que nous avons simplement
signalées plus haut, et qui constituent en quelque sorte
une spécialité de Cauterets.

L'*angine tonsillaire* chronique. (Amygdalite, Esqui-
nancie) se présente fréquemment chez les enfants lymphatiques et scrofuleux ; l'hypertrophie des amygdales

va quelquefois jusques à gêner considérablement la déglutition, la voix et l'ouïe. Les eaux de la Raillière, de Mauhourat et de César en boisson et en gargarisme, secondées par les bains de pieds et les douches pulvérisées de César, triomphent merveilleusement de cet état pathologique ; généralement la guérison n'est pas immédiate, et ce n'est que quelques mois après qu'elle se confirme. J'ai donné mes soins à Mme X, de Narbonne, qui présentait une hypertrophie ancienne et considérable de l'amygdale gauche, et nous avons vu la résolution s'opérer après seize jours de traitement d'une manière complète.

OBSERVATION. — Mlle D., âgée de 18 ans, d'une constitution forte et d'un tempéramment un peu lymphatique, me consulta en 1865, pour un enrouement qu'elle éprouvait depuis plusieurs années, et qui s'exaspérait à la moindre impression d'un air frais. Elle s'enrhumait aussi facilement dans cette circonstance. Sa mère m'affirme que les fonctions cataméniales s'exécutent normalement. Les signes stéthoscopiques ne présentent aucun trouble de la respiration. Le pharynx est d'un rouge brun dans toutes ses parties, ainsi que l'amygdale droite qui est légèrement tuméfiée ; je constate de plus une granulation isolée de la grosseur d'une petite lentille sur la paroi postérieure du pharynx. Le père de la malade, qui est médecin, l'a cautérisée un grand nombre de fois, mais la susceptibilité à prendre des angines, n'en a été nullement atténuée. L'usage de l'eau de la Raillière et de César, en boisson et en gargarisme, suivi de bains de jambes à eau courante et quelques pulvérisations, débarrassèrent cette demoiselle de sa gênante affection. Ces simples notes, que je copie sur mon registre d'observations, sont suffisantes pour montrer l'efficacité des eaux de ces sources contre les maladies de la gorge ; et, si je rapporte ce fait entre tant d'autres, c'est que Mlle D., aujourd'hui Mme A., que j'ai eu l'occasion de revoir, m'a certifié tout récemment que depuis sa saison des eaux à Cauterets, elle n'avait plus éprouvé la moindre indisposition à la gorge ; et de plus, qu'elle avait perdu depuis cette époque l'habitude de s'enrhumer.

L'*Angine glanduleuse*, caractérisée par un gonflement de la muqueuse du pharynx, avec hypertrophie des glandules, si multiples dans cette région, surtout à la base de la langue (pharyngite granulée), est une affection plus répandue qu'on ne le suppose généralement. L'action qui résulte de nos eaux sur cet état pathologique, réprime le gonflement, substitue un état congestif spécial à l'état morbide, provoque l'absorption des mucosités anormales et régularise les fonctions organiques des parties constituantes. L'effet consécutif des eaux se manifeste ordinairement par une prompte résolution.

OBSERVATIONS. — L'abbé P., âgé de 47 ans, prédicateur distingué, me fut adressé au mois de juillet 1872, comme atteint d'irritations fréquentes à la gorge, dues à l'abus de ses prédications. M. l'abbé P., jouit d'une forte constitution, d'un tempérament sanguin et nerveux, n'a jamais éprouvé de maladie grave, et ne présente aucun signe de diathèse herpétique.

Les atteintes de son affection, qui, depuis quelque temps se renouvellent plus souvent, constituent des crises d'une certaine durée et d'une intensité inquiétant beaucoup le malade. Au milieu de ses sermons, M.P. commence a éprouver un picotement à la gorge suivi d'une toux sèche et incommode, la gêne se propage à la partie sus-sternale et occasionne une certaine difficulté dans la respiration. Des frissons, un mouvement fébrile et de la lassitude l'obligent à se mettre au lit, où bientôt une transpiration abondante se déclare et se termine six ou douze heures après, par une expectoration muqueuse très-abondante, accompagnée d'un sentiment de bien-être à la gorge, mais aussi d'une fatigue excessive.

Le laryngoscope nous fait constater, une rougeur foncée des piliers antérieurs, des amygdales et de la muqueuse rétro-pharyngienne avec des granulations très-nombreuses, très-développées surtout à la base de la langue. L'isthme du gosier a des dimensions naturellement exiguës, et l'état pathologique existant, accroit encore l'étroitesse du passage. Le laryngoscope nous a fait reconnaître également une inflammation chronique de l'épiglotte sans ulcération.

Malgré les très-faibles doses que nous prescrivîmes d'abord, 1/4 de verre en boisson à la Raillière, à Mauhourat et à César, avec bains de jambes le soir, le malade fut obligé de suspendre l'usage des eaux à deux fois dans les six premiers jours, par suite d'un état saburral très-prononcé, qu'un purgatif salin dissipa, et d'une intolérance de l'estomac, avec crampes. Cet état s'était même compliqué d'un léger mouvement fébrile d'insomnie et de courbature. Ces accidents avaient tellement découragé le malade, que j'eus grand peine à le retenir pour utiliser le plus possible les douze jours qu'il avait encore consacrés à la saison thermale.

Dès lors je soumis simplement l'abbé P. aux gargarismes et à la pulvérisation et ne lui permis d'avaler, comme par mégarde, qu'une seule gorgée d'eau à la Raillière et à César. L'expédient réussit à merveille; au point que, dès le troisième jour de la reprise des boissons, le malade prenait 1/2 verre à la Raillère, à Mauhourat et à César, et qu'au douzième il portait la dose, sans répugnance ni fatigue, à un verre et même davantage à chacune de ces sources, sans préjudice du traitement externe, gargarismes, pulvérisations et grands bains. L'isthme du gosier offrait plus d'ampleur, la coloration des tissus était pour ainsi dire normale, et les granulations considérablement déprimées. L'abbé P. quitta Cauterets, tout heureux de son bien-être général, et me remercia cordialement de l'avoir empêché de partir, grâce à mon instance. Huit mois après, nous avons eu l'avantage de revoir cet honorable ecclésiastique, qui nous a avoué, que la guérison ne s'était pas un seul instant démentie, malgré la reprise de ses prédications prolongées.

Affection de l'estomac et des intestins. — Les nombreuses affections de l'estomac, comprises sous le nom de *gastralgies*, de *dyspepsie*, de *gastrite rebelle*, sont avantageusement traitées par l'usage de l'eau de Mauhourat en boisson. Cette eau est en effet d'une facile digestion; ce qui est dû probablement au silicate de soude et au chlorure de sodium qu'elles contiennent en proportions plus considérables que les autres sources. Elle augmente l'énergie fonctionnelle en même temps qu'elle contribue à une élaboration plus complète des aliments.

Dans l'entéralgie et l'entérite chroniques on obtient les mêmes résultats, aussi le travail de la seconde digestion, plus particulier aux aliments gras ou amylacés, se régularise et redouble d'activité, au grand bénéfice de l'absorption des chylifères.

B. VOIES URINAIRES.

Les reins peuvent être le siége d'affections diverses : la *néphrite chronique* ou l'inflammation ancienne de ces organes; l'*albuminurie* ou production d'albumine en excès dans les urines; l'*uricémie* ou prédominance des urates; la *néphrite calculeuse*, sablonneuse ou gravelle; enfin le diabète, caractérisé par la présence d'une quantité notable de sucre dans l'urine.

L'action diurétique et dépurative des eaux minérales de Cauterets varie suivant les sources, comme nous l'avons dit plus haut. Ainsi, tandis que la diurèse ou l'abondance des urines suit l'usage de César, et de la Raillière plus tardivement, le liquide excrété n'est sensiblement modifié dans ses qualités que par l'eau de Mauhourat, qui a la propriété de favoriser la désassimilation en la rendant plus complète, et d'entraîner en plus grande abondance les matériaux alibiles du sang, des divers liquides et solides organiques. On doit, toutefois, avant d'en faire usage, s'assurer que les reins sont exempts de toute irritation.

OBSERVATION. — M. A, négociant, habite tour à tour Marseille et Alger, il est âgé de 45 ans, d'une constitution robuste et d'un fort tempérament; n'a jamais eu de maladie grave, ni la moindre éruption sur le corps. Toute sa famille jouit d'une constitution vigoureuse et d'une bonne santé.

Il y a dix-huit mois, étant aux environs d'Alger, M, A contracta une forte bronchite à la suite d'un refroidissement subit. Il éprouva, dit-il, fièvre intense, dyspnée, quintes de toux sans expectoration sensible, tous les signes enfin d'une congestion pulmonaire, que l'on traita activement par des sangsues à l'anus et des vésicatoires à la poitrine. La maladie céda peu à peu, mais ne s'effaça pas complétement, puisque, sous l'influence d'un léger froid ou d'une légère fatigue physique, le malade éprouvait des crises d'étouffement, et une expectoration légèrement catarrhale.

Deux mois après environ, M. A ressentit en promenade un pressant besoin d'uriner, et des douleurs atroces dans les reins; au bout de quelques heures l'urine s'écoula goutte à goutte, avec une coloration rougeâtre qui alla diminuant à mesure que le cours naturel se rétablissait; une nouvelle attaque survint l'hiver suivant avec terminaison aussi prompte. Le malade avoue que le dépôt urineux a lieu particulièrement à la suite des crises de respiration et des douleurs lombaires; et, chose remarquable, il respire mieux dès que les urines sont très-colorées.

Etat actuel : pas d'altération du visage apparence de bonne santé pas de céphalalgie, pas de fièvre, ni de troubles de cœur. — Voies digestives en bon état, prédilection pour les aliments maigres· — Toux rare, sèche ordinairement, dyspnée légère, rales sibilans très-faibles mais généralisés dans toute la poitrine ; murmure vésiculaire peu perceptible, pas de signe d'épanchement, la sonoréité n'est qu'amoindrie.

Examen de l'urine avant le traitement : liquide d'un jaune safran, trouble ; un huitième du volume dans une éprouvette est constitué par un dépôt albumineux ; le fond présente un sédiment abondant, d'un rouge briqueté, composé de cristaux d'urate de soude, de forme rhomboïdale, à facettes losangiques, d'un beau brun-fauve à la loupe.

℞ : un demi verre de la Raillière, un quart de Mauhourat et un demi verre de Mauhourat désulfuré mêlé au vin, au deux repas. — Soir : un demi verre de César en boisson ; bains de jambes à eau courante.

Cinq jours après, le malade me raconte qu'il a beaucoup souffert des reins dans la soirée et la nuit précédentes ; il a eu de la fièvre et de fortes quintes de toux. Il se trouve mieux ce matin, et son urine est extraordinairement chargée. Le dépôt albumineux est un quart plus abondant ; et le sédiment rougeâtre, presque double du premier obtenu, offre les mêmes caractères de cristallisation.

℞ : Boire pour aujourd'hui seulement de l'eau désulfurée au repas ; reprendre la boisson demain, à moins de contre-indication.

A partir de cette époque M. A n'a plus éprouvé le moindre dérangement, et a bu, progressivement vers la fin du traitement, jusqu'à cinq et six verres d'eau minérale, prenant en même temps des bains à la Raillière, des douches à César suivies de bains de jambes.

Les urines, examinées chaque cinq jours, ont offert une diminution graduelle des matériaux excrétés. La respiration devenait de plus en plus libre, et le malade exécutait sans fatigue d'assez longues promenades à pied ; les râles bronchiques avaient disparu, et la sonoréité était à peu près normale. Le traitement avait duré vingt-cinq jours.

J'ai eu l'occasion de revoir six mois après M. A. dans un état de parfaite santé, m'asssurant qu'il n'avait ressenti depuis Cauterets, ni gêne dans sa respiration, ni douleurs dans les reins, et qu'il n'avait plus remarqué de dépôt rougeâtre dans ses urines,

DIABÈTE SUCRÉ

Nous ne saurions mieux faire pour mettre en évidence les propriétés remarquables des sources silicatées sulfureuses de Cauterets, particulièrement de Mauhourat, que de rappeler ici l'observation d'un cas de glucosurie des plus intéressants.

OBSERVATIONS. — M. X, avocat, âgé de 37 ans, d'une constitution affaiblie, d'un tempérament nerveux, au teint pâle et amaigri, souffre de l'estomac depuis douze ans environ, s'étant jusqu'alors toujours bien porté.

Marié depuis six ans, il a deux enfants en bonne santé; sa famille n'a jamais eu de maladie grave ni diathésique. Il attribue son état, à la fois, à l'excès de travail intellectuel, à la vie sédentaire, à l'usage immodéré du tabac, et à son tempérament nerveux.

M. X se plaint d'une douleur sourde continue à l'épigastre; néanmoins son estomac tolère les aliments sans les vomir; il préfère les excitants, mais il en est plus incommodé; et, néanmoins, il a un goût très-prononcé pour le sucre et les féculents dont il n'a jamais du reste fait abus.

La langue est rouge, ainsi que la muqueuse buccale; jamais de soif intense, et ses urines toujours claires n'ont jamais été très-abondantes.

La douleur épigastrique se traduit ordinairement sous forme de crampes ou de tiraillements qui ont un retentissement nerveux sur tout son être. Ainsi tout d'abord, la parole s'affaiblit, il avale difficilement, éprouve un gonflement à la gorge, puis un grouillement vers l'estomac. Ces douleurs ne sont pas aiguës et ne ressemblent nullement à des élancements. Bientôt la vue se trouble, il est comme essoufflé, et le malade tombe dans un état d'anéantissement qui le porte au découragement et à la plus grande tristesse.

M. X, comme on le suppose, a consulté bien des praticiens sur son affection. Trousseau et tous les autres ont conseillé tour à tour l'usage des eaux minérales; le malade est allé à Pougues, à Divonne, à Bigorre, etc., etc..., et n'a retiré quelque avantage que de la dernière station; encore attribue-t-il cette amélioration passagère aux nombreuses et pénibles excursions qu'il alliait au traitement thermal, d'autant qu'il a remarqué que les voyages lui procuraient toujours du bien-être.

Enfin, comme dernier renseignement, M. X nous raconte s'être soumis au régime presque exclusif des laitages, et dans d'autres circonstances à l'usage des bains alcalins, mais sans le moindre profit pour sa santé.

J'eus l'heureuse idée que l'urine du malade pourrait me fournir quelque éclaircissement sur un état pathologique si vague et si opiniâtre. J'en réclamai, et l'expérimentai le jour même; voici les caractères constatés : Urine claire, limpide; au fond de l'éprouvette, un dépôt albumineux léger; chauffée et refroidie, elle donne un coagulum d'un blanc nâcré — l'acide azotique fonce la couleur — chauffée avec un fragment de potasse à la chaux, il se produit bientôt une coloration fortement *caramélisée* de presque tout le liquide. Il n'y avait pas à douter un instant de la présence du sucre, et en grande abondance. M. X surpris, mais convaincu par ses propres yeux, m'avoue que c'est la première fois qu'on a analysé ses urines.

℞ : Un quart de verre de Mauhourat le matin; un verre de Mauhourat désulfuré, mêlé au vin à chaque repas précédé d'une pilule d'opium à 1 centigramme. Régime doux sans féculents ni excitants; promenades fréquentes et modérées.

Trois jours après, l'appétit est meilleur et la douleur épigastrique est moindre. Je fais augmenter la dose de Mauhourat, et je prescris une douche tempérée sur les lombes au Rocher.

Au huitième jour, le malade se trouverait mieux encore s'il n'était incommodé par un serrement à la gorge, des baillements et des pandiculations assez fréquents. L'urine est sensiblement moins colorée.

♃ Mauhourat source 1/2 verre, — Mauhourat désulfuré au repas 1 verre, — douche *ut suprà*, mais précédée d'une minute à l'eau froide, 20° c.

Le douzième jour, M. X... présente un coloris nouveau du visage, qui témoigne aussi d'une assimilation plus active ; les digestions sont normales, il se sent plus fort, et se livre à des courses longues et pénibles sans éprouver de la fatigue. Je prescrivis les douches aux Œufs.

La couleur foncée de l'urine alla successivement en décroissant, au point que le cinquième essai donna lieu à une teinte à peu près normale. Les 5 tubes des diverses expériences, mis en présence, montraient la gradation de cette décroissance d'une manière frappante. Le malade quitta Cauterets après 20 jours de traitement dans des conditions de santé bien meilleures qu'à son arrivée, mais il se hâta de partir éprouvant déjà de la satiété et un commencement de saturation thermale.

Sept mois après, M. X... m'écrivait : « Sans être entièrement guéri de mes maux d'estomac, je vais mieux depuis ma visite à Cauterets.» Si ce n'est pas là une guérison, c'est tout au moins, on en conviendra, un assez beau résultat, eu égard surtout à l'ancienneté d'une telle affection. N'est-il pas croyable qu'une seconde saison pourrait produire chez M. X... un rétablissement à peu près complet ?.....

Blennorrhée et Leucorrhée. — Les flux muqueux simples ou mucoso-purulents qui résultent de ces affections, disparaissent facilement par l'usage des eaux de la Raillière. Nous avons vu quels étaient les effets substitutifs principalement de cette source ; son action primitivement excitante exalte les fonctions organiques affaiblies, et change la nature des sécrétions que le mouvement physiologique tend sans cesse à ramener à l'état naturel. Sous son influence, l'uréthrite chronique et la goutte militaire sont modifiées avantageusement.

La guérison a lieu dans ces circonstances diverses par substitution et dépuration ; l'eau est alors administrée en boisson et en injections ; mais nous croyons qu'on doit être très-sobre des bains généraux dans ces sortes d'écoulements. Un état inflammatoire doit être une contre indication formelle pour l'usage des eaux.

AFFECTIONS DE LA MATRICE.

Cet organe est souvent le siége de troubles organiques et fonctionnels qui se lient à une infinité de causes. La constitution et le tempérament, le genre de vie et les diathèses jouent le principal rôle dans leur détermination. Inflammation chronique, granulations, ulcérations du col de l'utérus ; engorgement ou induration plus ou moins étendus de cet organe ou de ses annexes, sont autant d'états morbides que nos eaux modifient de la manière la plus heureuse. Toutefois ; ici encore, il importe beaucoup que toute inflammation ait disparu avant de commencer le traitement.

Les sources du Petit Saint-Sauveur, du Rocher et de Rieumizet sont celles qui ont une efficacité plus évidente, mais on aide dans la suite le traitement par l'usage des sources plus reconstituantes, telles que la Raillière, César et les Œufs, soit en bains, douches diverses, appropriées au tempérament et à la constitution des malades. L'établissement des Œufs possède les appareils les plus complets se rapportant au traitement des affections de ce genre.

C. MALADIES DES VOIES RESPIRATOIRES.

Nous avons déjà parlé des affections concernant les premières voies de l'appareil respiratoire en commençant celle du tube digestif. Nous allons reprendre la suite des maladies que peuvent présenter les divers organes de cette importante fonction, et signaler à ce propos les effets curatifs de certaines sources en particulier.

CORYZA, BRONCHITE CATARRHALE.

Il est peu de maladies aussi fréquentes que celles désignées généralement sous le nom de rhumes. Et tout le monde, ou à peu près, paye chaque année ce désagréable tribut à l'hiver. C'est une affection qui règne dans le monde entier, mais la population des villes y semble bien plus prédisposée. La susceptibilité aux influences extérieures, qu'une vie sédentaire s'efforce trop minutieusement d'écarter, jointe au tempérament lymphatique, sont les conditions les plus actives à sa détermination.

Le rôle important de la respiration, son activité incessante, et les changements continuels plus ou moins brusques de l'air qui en est l'agent indispensable, rendent aisément compte des modifications organiques et vitales auxquelles sont exposés les poumons et les bronches chez les personnes peu familiarisées avec les perturbations atmosphériques.

Ordinairement la maladie débute par les fosses nasales, on éprouve un enchifrènement avec un peu de
céphalalgie; puis un malaise général, des frissons, un
peu de courbature accompagnés d'un mouvement fébrile plus intense le soir que dans la journée (coryza,
rhume de cerveau). Un ou deux jours après, les muqueuses nasales sécrètent un liquide aqueux abondant,
et l'irritation se propage en même temps aux poumons,
provoquant une toux sèche, caractérisée 24 heures
après par une abondante expectoration de mucosités
plus ou moins épaisses. Le passage du coryza à la bronchite s'effectue presque toujours chez les tempéraments
lymphatiques ou scrofuleux. Les sources de la Raillière
concurremment avec celles de César et des Espagnols
ont l'heureux privilége de modifier cette grande susceptibilité d'une manière remarquable. J'ai traité à Cauterets depuis 5 ans un grand nombre de personnes très-
prédisposées aux catarrhes, qui ont perdu ou du moins
considérablement atténué cette fâcheuse disposition.

Si le tempérament est lymphatique ou scrofuleux,
on doit insister principalement sur l'usage des eaux
de la Raillière, des Œufs et de Mauhourat; et, si
l'on découvre ou soupçonne une diathèse herpétique,
César et Pauze-Vieux devront prédominer. Nous les
avons vu modifier très-avantageusement l'ozène ul-
céreux.

LARYNGITE CHRONIQUE, GRANULÉE.

C'est dans ces affections que le laryngoscope rend
depuis quelque temps les plus grands services. Sa vul-

garisation dans beaucoup de stations thermales, mais
surtout à Cauterets où les eaux ont des propriétés
spéciales contre les maladies du larynx, a donné une
impulsion toute nouvelle à la pathologie de cette région.
Gloire soit rendue à Czermak, dont les démonstrations
brillantes ont étonné le public médical de l'Europe, il
y a 15 ans à peine ! Grâce aussi, il faut le reconnaître
avec notre distingué confrère le docteur Nicolas Duranty, de Marseille, à son vaste pharynx, à ses petites
amygdales, à sa luette courte et son ouverture laryngée
large qui font de ce professeur un sujet modèle pour la
laryngoscopie. Aucun perfectionnement, ajoute-t-il,
n'a été apporté dans le mécanisme du laryngoscope
pendant ces six dernières années, alors qu'un grand
nombre de médecins de toutes les parties du monde
travaillent constamment sur ce sujet (1). Cet habile
praticien a décrit avec une grande lucidité les principes
de ce genre d'exploration auquel tout médecin peut se
livrer avantageusement moyennant une bonne vue et
un peu d'habitude. Voir l'art. gargarisme, p. 64, pour
le degré de tolérance du liquide dans la glotte.

Il en est du traitement de la laryngite chronique et
de celle qui se complique de granulations comme de
celui que nous avons indiqué pour l'angine chronique
et granuleuse. A la différence près que ces dernières
affections sont plus accessibles aux moyens employés
que les premières. Les mêmes sources leur sont également applicables, mais leur siége pathologique exige

(1) Nicolas Duranty, du Laryngoscope, 1867.

des modes d'emploi particuliers. A part les pulvérisations et les inhalations, l'art a recours souvent à des procédés opératoires selon qu'il existe un état inflammatoire plus ou moins opiniâtre, des ulcérations ou des excroissances de nature diverse.

L'œdème de la glotte (laryngite œdémateuse) est heureusement combattu par l'action tonique, substitutive, et résolutive de nos eaux.

Dans la laryngite ulcéreuse d'origine syphilitique, il est urgent d'établir sûrement le diagnostic par les antécédents et la forme de l'ulcération. On est souvent obligé, en pareil cas, de faire des cautérisations pour modifier l'état local. Sous l'influence de la même diathèse on a fréquemment à constater des végétations polypeuses et papilliformes ou des tumeurs verruqueuses qui nécessitent l'emploi de la pince-forceps ou du tube du même nom.

D'autres fois on a affaire à une aphonie résultant d'une perte de tonicité, d'une innervation simplement affaiblie, d'une paralysie ou d'une atrophie constitutionnelle des parties locomotrices du larynx ; l'application du galvanisme au moyen de l'excitateur laryngien peut alors aider puissamment le traitement thermal.

Enfin, lorsque la laryngite est de nature tuberculeuse, on ne peut guère espérer sa guérison de la part des eaux minérales en général, puisque dans ces circonstance, cette affection n'est que le reflet d'une manifestation générale qui doit tôt ou tard suivre son cours fatal.

7

CONGESTION PULMONAIRE. — PNEUMONIE CHRONIQUE.

Beaucoup de praticiens paraissent avoir confondu la *congestion* des poumons avec l'induration de ces organes affectés de tuberculose. Si, dès le début, les symptômes locaux, ne suffisent pas absolument à les différencier entre elles, il est probable que les phénomènes généraux, la constitution du sujet, son âge, l'hérédité, et les antécédents personnels permettront d'arriver à la certitude du diagnostic.

Nous avons rapporté plus haut l'observation d'un malade atteint de congestion pulmonaire franche et nous avons vu les bons résultats qu'il avait retirés de l'eau de César et de Mauhourat en boisson ; des bains de jambe à eau courante, des demi-bains à la Raillière et des douches à César à titre de révulsifs. Toutefois, ces derniers moyens doivent être subordonnés à la force de la constitution, au tempérament, et à l'état pathologique du sujet.

Nous venons de dire que la congestion pulmonaire pouvait être parfois confondue avec l'induration tuberculeuse des poumons ; nous pouvons ajouter que pareille méprise peut avoir lieu avec la pneumonie chronique. Néanmoins les symptômes sensibles et rationnels bien étudiés ne permettront pas longtemps la confusion entre ces lésions organiques ; mais il importe ici encore de consulter avec soin les dispositions originelles ou acquises.

Nous allons rapporter un fait, entre beaucoup d'autres, qui témoigne de la grande efficacité de nos sources thermales dans les affections chroniques des poumons.

OBSERVATION. — Mlle L., âgée de 11 ans aujourd'hui et bien portante, fut atteinte en 1866 (elle avait 4 ans et demi) d'une pleuro-pneumonie, qui céda promptement au traitement approprié à son âge et à ses forces. Elle conserva une grande susceptibilité bronchique, aussi s'enrhumait-elle au moindre refroidissement; l'examen des poumons, fait par nous assez souvent, ne fit constater aucun trouble qui en rendit compte.

En 1867, cette enfant subit encore une nouvelle atteinte d'inflammation pulmonaire, vers le tiers-moyen du poumon gauche postérieurement; râles sous-crépitants et à grosses bulles; sonoréité amoindrie; dyspnée, toux fréquente, mâtité inférieure, crachats un peu rouillés, abattement général, fièvre intense, insomnie, tous les signes enfin de la pleuro-pneumonie du jeune âge. Révulsifs répétés localement et aux extrémités; une sangsue même fut appliquée, vu l'intensité et la persistance de la fièvre. Vésicatoires, juleps appropriés à la circonstance, etc. Après huit jours d'acuité, la convalescence s'établit mais fut suivie d'une toux parfois sèche, le plus souvent catarrhale. Le poumon gauche conserva depuis lors un peu d'obscurité vers le point affecté, mais sur un point très-limité; des vésicatoires et des emplâtres furent encore appliqués de loin en loin. L'enfant n'éprouvait pas de fièvre, jouait avec ses camarades, mais mangeait très-peu et progressait lentement.

Tel était l'état de la malade en 1868, quand je la soumis au traitement thermal.

Je débutai par des doses très-faibles, un demi-quart à la Raillière, autant à Mauhourat, et un quart à César le tantôt. Je doublai la dose trois jours après. Je ne saurais jamais exprimer la joie que je ressentis dès le septième jour, en voyant notre fille douée pour la première fois d'un appétit des plus décidés, d'une activité nouvelle dans toutes ses fonctions; présentant une animation du visage qui contrastait avec sa pâleur habituelle ; au point que, je l'avoue, je fus plusieurs fois porté à soupçonner un mouvement fébrile ; mais la fraîcheur de la peau et le bien-être de l'enfant me rassuraient aussitôt. C'était simplement l'excitation physiologique, le remontement général imprimé à cette organisation débile par les eaux minérales employées.

L'eau en boisson fut augmentée progressivement et secondée par quelques bains , et douches en pluie à César.

Nous quittâmes Cauterets après vingt-deux jours de traitement ramenant notre chère enfant, dans les meilleures conditions de santé , et véritablement régénérée.

Depuis cette époque Mlle L. n'a plus toussé, ses poumons n'ont présenté le moindre signe pathologique, l'appétit s'est parfaitement maintenu, les forces progressent avec l'âge , et l'usage des eaux thermales, semble l'avoir même affranchie de la susceptibilité résultant de son tempérament.

ÉPANCHEMENTS PLEURÉTIQUES. — Tous les praticiens de Cauterets sont unanimes pour attester les heureux résultats des eaux minérales, contre les épanchements dans les plèvres. Des guérisons nombreuses se sont opérées cette année sous ce rapport ; et chacun de nous a eu l'occasion d'en signaler quelques cas.

Les eaux minérales agissent dans ces circonstances par leurs propriétés révulsives, diurétiques, sudorifiques , dépuratives et résolutives ; mais chacun de ces modes s'exerce à des degrés divers suivant l'idiosyncrasie du sujet, et la nature de l'état morbide, coagulums , brides , etc. En général , les résultats sont d'autant plus rapides que l'épanchement a moins d'ancienneté. Parmi les moyens les plus propres à la résorption des liquides ou des produits organisés , les douches à César et aux Œufs occupent le premier rang ; mais il convient, avant de recourir à des moyens aussi puissants, de prendre en considération les forces du sujet, sa susceptibilité organique ainsi que la nature de l'épanchement.

PHTHISIE PULMONAIRE. — On entend généralement par phthisie, l'atrophie et la fonte des parties produisant la consomption. Cette désignation est aujourd'hui réservée à cette fâcheuse tendance des poumons et du larynx. Depuis le célèbre Laennec, la phthisie pulmonaire a été parfaitement caractérisée; c'est à l'existence d'un produit anormal dans les poumons, nommé tubercule, que cette maladie doit sa vraie signification. Le développement de ces corpuscules a le plus souvent une marche progressive et absorbante. Ce sont, en quelque sorte des organes nouveaux qui tendent plus ou moins promptement à se substituer à l'organe qui les recèle, suivant la résistance organique et les influences diverses du milieu où vit le malade.

Les causes de la phthisie sont très-obcures; on est forcé néanmoins d'admettre que les mauvaises conditions hygiéniques et climatériques jouent le plus grand rôle dans sa production, lorsque l'hérédité ne peut être invoquée. Il faut toutefois convenir que des interruptions de succession ont lieu fréquemment, au point d'en masquer la véritable origine.

Nous venons de dire que le tubercule a une tendance à se développer aux dépens du parenchyme pulmonaire, c'est contre cette marche envahissante que

doivent être dirigés tous les effort de l'art, afin d'en
borner le progrès et d'en amener la résorption sur
place. Les eaux de Cauterets sont-elles capables de
produire ce double effet ? Nous répondrons affirmati-
vement, mais non sans faire des réserves.

Nous ne croyons nullement à la spécifité d'une eau
minérale quelconque sur la matière tuberculeuse.
Mais, si nous réfléchissons aux effets physiologiques
dont nos eaux sont susceptibles, nous pensons qu'elles
peuvent rendre de grands services dans la maladie qui
nous occupe.

Au début de l'affection, quand les tubercules sont de
très-petite dimension et comme on dit cliniquement
à l'état cru, que le dépérissement et la fièvre sont peu
appréciables, nul doute que l'usage modéré des eaux
de la Raillière et de Mauhourat n'aient un bon résultat
par leur action tonique reconstitutive, substitutive, résolutive et dépurative. Effets complexes sans doute,
mais qui ne s'excluent pas entre eux dans l'organisme
vivant. Dans les deux premiers modes d'agir, l'eau
minérale a pour effet de rehausser l'énergie organique et fonctionnelle qui détermine conséquemment
une élaboration et une assimilation plus considérables
des aliments réparateurs. L'effet substitutif résultant
d'une stimulation dans les tissus qui circonscrivent ces
agglomérations isolées communique à ces tissus même
une résistance organique nouvelle qui repousse, attaque
ou change l'influence prochaine de la substance tuberculeuse ; nos eaux sulfureuses peuvent avoir même un
caractère de spécificité qu'il ne nous répugne nulle-

ment de supposer. En effet, pourquoi ce grand crédit accordé par tant de praticiens aux médicaments de nature calcaire dans cette maladie. C'est que ces composés jouent un rôle important, on ne peut en disconvenir, dans l'assimilation et la nutrition. On connaît leur salutaire influence dans l'alimentation des nouveaux-nés, sur le développement du système osseux, et dans celles des villes avec des conditions analogues. Et c'est principalement dans ces dernières circonstances que l'on voit éclater plus fréquemment cette funeste affection. Le lymphatisme, la scrofule, le rachitisme, sont alors très-avantageusement modifiés, d'après l'habile chimiste M. Mourriès, par les sels calcaires et notamment par le phosphate de chaux. N'est-il pas logique d'admettre le transport de ces principes dans la trame de tous les tissus de l'organisme par la voie de l'absorption ? Par analogie, l'action dynamique des eaux de Cauterets, leur richesse en silicates, de soude, de chaux et phosphate calcaire, doivent nécessairement imprimer à l'économie entière une assimilation plus active, opérer des transformations organiques correspondantes, ou tout au moins limiter le progrès des produits anormaux. Ces raisons nous paraissent plus que suffisantes pour nous inspirer la plus grande confiance dans l'action *péri-tuberculeuse* et *anti-tuberculeuse* aux premiers temps de l'affection redoutable qui nous occupe.

En outre, par leur action légèrement excitante, et résolutive, les eaux de Cauterets sont susceptibles de

prévenir la stase des liquides organiques et d'opérer
même l'élimination des principes plastiques, sinon
tuberculeux, tendant à se développer progressivement
autour de ces productions morbides.

Enfin, l'action dépurative, si développée par l'eau
de Mauhourat, augmente les fonctions des émonctoires
naturels, en même temps que l'organisme reprend de
l'énergie et se reconstitue.

Nous voyons donc d'après ces considérations som-
maires que les effets physiologiques de nos eaux sont
capables de modifier avec un certain succès la phthisie
pulmonaire, pourvu que l'affection soit traitée au
début, que le traitement soit convenablement dirigé,
et qu'il n'existe ni état inflammatoire ni fièvre intense.

Loin de nous toute pensée de critique à l'endroit des
autres stations thermales dans le but de rehausser le
mérite de la nôtre. Chacune sans doute à sa valeur
particulière, et des succès que l'expérience enregistre
tous les jours. Néanmoins, il faut reconnaître, que,
malgré l'analogie de composition et une grande simili-
tude d'effets thérapeutiques entre deux sources éloi-
gnées entre elles, il est toujours des nuances dans
leur action physiologique, dont il est important de tenir
compte dans la pratique médicale. Ainsi, les Eaux-
Bonnes et Cauterets, qui se rapprochent beaucoup par
leur composition chimique, à part une prédominance
de chlorure de sodium dans les premières, sont répu-
tées également très-efficaces dans l'affection tuberculeuse. Mais sont-elles applicables indifféremment dans
les mêmes circonstances? - Nous ne le pensons pas. Il

est acquis que les Eaux-Bonnes ont une action très-excitante et élective sur les poumons ; elles sont susceptibles par conséquent de provoquer facilement des hémoptysies. Les eaux de Cauterets au contraire, d'une sulfuration moyenne, ont une action plus uniformément répartie sur tout l'organisme, sans localisation pulmonaire, et par suite moins propres à déterminer l'état congestif des poumons. Cette suractivité élective particulière aux Eaux-Bonnes, n'est-elle pas aussi due en partie aux conditions topographiques et climatériques de cette station ? A Cauterets l'altitude est supérieure à celle des Eaux-Bonnes, sans doute, mais l'atmosphère y présente un calme relativement remarquable et précieux, avec une température généralement moins élevée qu'aux Eaux-Bonnes.

Dans notre monographie sur Barbotan (1), nous avons fait ressortir également les avantages du climat de ce lieu pour le traitement des affections rhumatismales. Les auteurs du Dictionnaire des eaux minérales sont du reste explicites à cet égard. « Ces eaux minérales (Eaux-Bonnes et Cauterets) constituent une seule et même médication dont les différences dépendent à peu près uniquement des circonstances particulières de localité et des modes variées d'application. » (t. II, p. 531.)

(1) Dr E. de Larbès, *Eaux et Boues de Barbotan*, 1871.

EMPHYSÈME PULMONAIRE. — ASTHME.

De tout temps on a considéré les eaux de Cauterets comme douées de propriétés sédatives contre la gêne de la respiration. La médecine hippiatrique confirme chaque année cette ancienne tradition. Chaque saison thermale en effet, le haras de Tarbes envoie un certain nombre de chevaux poussifs à Cauterets, pour y boire l'eau de la Raillière principalement. La guérison est le résultat ordinaire. Il n'est pas dès lors surprenant que l'homme en retire de pareils bénéfices.

OBSERVATION. — M. X..., de Rio-Janeiro (Brésil), âgé de 33 ans, d'un teint pâle, de constitution frêle et amaigrie, vint me consulter (1872) pour une bronchite ancienne avec gêne de la respiration, dont il était affecté depuis près de trois ans : à la suite d'un refroidissement M. X..., avait éprouvé une fièvre intense, de la dyspnée, une expectoration abondante, sans point de côté ni crachement de sang. Des emplâtres et des loochs, dit le malade, calmèrent les accidents au bout d'un mois environ.

Depuis lors, pas de fièvre, appétit ordinaire, digestions normales, mais exacerbations du rhume, exaspération de la dyspnée aux moindres influences, et impossibilité de se livrer longtemps à la marche sans être essoufflé. Il a même des crises de loin en loin qui durent de 24 à 48 heures, la dernière a eu lieu il y a 15 jours.

La percussion fait constater une sonoréité exagérée partout, excepté vers le tiers moyen gauche postérieur, où la matité est manifeste dans une étendue de 6 centimètres. A ce point, l'auscultation révèle des râles sibilants faibles, mêlés de râles muqueux; ces mêmes bruits sont perçus à la partie antérieure du thorax, dans tout le reste de la poitrine le bruit respiratoire est retentissant.

Le malade n'a jamais eu d'affection cutanée ou syphilitique, et il donne les meilleurs renseignements sur la santé de sa famille.

Soumis d'abord à l'usage de l'eau de la Raillière, Mauhourat et César en boissons, M. X..., supporta parfaitement ce régime. La dose de l'eau fut progressivement augmentée dès le huitième jour, et nous prescrivîmes les bains de pieds à César en même temps les demi bains et quelques bains entiers. Un départ précipité empêcha de donner au traitement externe l'activité que nous nous étions proposé; néanmoins M. X..., quittait Cauterets dans un état de santé inespéré. Dès les premiers jours, l'appétit avait redoublé, la respiration devenait plus libre, l'expectoration augmentée vers le huitième jour, cessa insensiblement; les forces au dixième jour lui permirent de faire sans trop de fatigue, des excursions sur les montagnes, et dans les huit derniers jours de son traitement, il fit à pied l'ascension du col de Rieu, du lac de Gaube et du Monné. Le point du poumon affecté ne présentait plus de bruits anormaux, le murmure vésiculaire était simplement un peu moindre qu'à l'état normal.

L'*asthme*, d'après Sauvage et Cullen, est une difficulté de respirer revenant par intervalles, indépendante des lésions organiques. Il est rare néanmoins que l'on ait à constater l'asthme essentiel, c'est-à-dire sans altération organique. Après un certain temps ordinairement, on perçoit des bruits anormaux qui ne permettent pas d'en douter. Depuis Avenbrugger et Laennec, les progrès incessants de l'anatomie pathologique tendent chaque jour à restreindre le nombre de ces prétendues dyspnées nerveuses décorées du nom d'essentielles, et qu'on doit *à priori* rapporter à un état pathologique existant, le plus souvent à un commencement d'emphysème pulmonaire, quand la dyspnée ne dépend pas toutefois du déplacement ou du développement anormal d'un organe voisin des poumons. Aussi le clinicien doit examiner soigneusement la fonction et le volume de tous les organes qui peuvent influencer la respiration afin de constater la véritable cause du mal.

Il est incontestable que dans l'asthme essentiel comme dans celui qui dépend de lésions organiques bien caractérisées, l'eau de Raillière donne les meilleurs résultats; mais on n'ignore pas non plus l'influence d'un temps variable, quant aux vents et à la température, dans ces sortes d'affections. La douceur du climat et le calme de l'air, donnent à Cauterets sous ce rapport, une supériorité qu'on ne peut révoquer en doute. La statistique thermométrique et barométrique en font une station privilégiée.

D. MALADIES DU SANG.

Nous avons vu, page 72, en exposant les effets toniques et reconstitutifs des eaux sulfureuses de Cauterets combien elles activent les fonctions organiques et augmentent par suite l'élaboration et l'assimilation des aliments. Nous avons également signalé la réparation du liquide sanguin altéré dans sa couleur et dans ses éléments constitutifs. Chaque année nous voyons un grand nombre de malades, débilités par des excès de toute sorte, épuisés par les fatigues exagérées de leur profession ou par les souffrances de maladies graves, ayant le facies pâle et la constitution considérablement altérée, se traînant avec peine, recouvrer en quel-

ques jours, par l'usage des eaux, l'activité et la régula-
rité des fonctions, une démarche plus assurée, et une
animation du visage confirmant une circulation beaucoup plus développée et des forces nouvelles. Cette
remarque n'a pas échappé certainement à toute personne qui a passé une saison de vingt-cinq jours à
Cauterets.

Mais si la stimulation et l'excitation de nos sources
minérales sont précieuses pour relever l'énergie purement physiologique, ou modifier les liquides viciés,
elles peuvent être nuisibles dans une affection organique du cœur. Toutefois, lorsque les palpitations dépendent d'un trouble du sang (anémie chlorose), que le
chiffre des globules est au-dessous de la normale,
qu'elles seront simplement symptomatiques, d'une débilité générale sans complication inflammatoire aiguë,
un traitement rationnel triomphera dans ces cas, des
sympathies nerveuses. En toutes circonstances, néanmoins, la prudence devra faire recourir d'abord aux
sources hyposthénisantes les plus faibles, telles que le
Rocher, Rieumizet et le petit Saint-Sauveur, ayant
soin de réagir fréquemment sur les extrémités inférieures par les bains de jambes et les demi-bains aux
mêmes établissements. Cette proscription doit s'appli-
quer aussi, selon nous, à toutes les époques de la
grossesse.

E. MALADIES LYMPHATIQUES ET SCROFULEUSES.

La constitution varie avec les individus ; l'organisation
congénitale, le genre de vie, le milieu où l'on vit impri-

ment à chacun de nous des différences essentielles dans
le parenchyme des organes comme dans leur fonctionnement. Delà résulte la diversité des constitutions et
des tempéraments. Or, si le système absorbant, re-
présenté par les lymphatiques et les veines, vient à
dominer dans l'organisme, si la lymphe du sang, des
humeurs et des liquides excrémentiels abreuve l'économie au-delà des limites normales, il doit en résulter
nécessairement un changement dans la texture des
parties solides, une atténuation dans les qualités physiologiques des fluides, et par suite un trouble et un
affaiblissement dans l'assimilation. Il en est de même
pour le système ganglionnaire qui se lie étroitement aux
lymphathiques. Quand les ganglions ont, en effet, un
développement exagéré, que les liquides transportés
par les lymphatiques y affluent en trop grande abondance, ils s'y accumulent, y circulent plus lentement,
et produisent une hypertrophie qui donne un cachet
particulier au tempérament des individus. La circulation s'embarrasse et l'irritation qui en est la conséquence donne lieu à des inflammations suppuratives.
Car il y a un temps d'arrêt physiologique au-delà duquel
les liquides s'altèrent, jouent le rôle de corps étrangers,
et tendent à une élimination sur place.

L'efficacité des eaux de Cauterets est remarquable
dans les cas d'obstruction, dans les tuméfactions osseu-
ses ou péri-articulaires, les caries et fistules caractéri-
sant la cachexie scrofuleuse, par l'activité qu'elles
donnent aux fonctions circulatoires en général, et par
la substitution et la résolution qu'elles déterminent

dans les glandules. César, les Espagnols et les Œufs surtout, sont les sources que l'on emploie avec le plus de succès dans ces circonstances, parce que, sulfureuses alcalines, elles jouissent de propriétés dépuratives et reconstitutives. Elles conviennent mieux que Baréges dans la scrofule en puissance, mais elles ne sauraient rivaliser avec les eaux de cette station, il faut le reconnaître, dans la forme torpide. Les bains de piscine aux Œufs produisent les meilleurs effets.

RHUMATISME ET GOUTTE.

Nous avons développé longuement les propriétés antirhumatismales des eaux sulfureuses dans notre Traité sur les Eaux et Boues de Barbotan. Nous avons, à ce propos, signalé les avantages que l'on pouvait retirer à Cauterets des sources du Bois en particulier. Nous pourrions ajouter que celles du Pré ont manifesté de tout temps des vertus curatives aussi remarquables. Toutefois, la supériorité de ces dernières en sulfuration et en température, doivent les faire considérer comme plus excitantes et en accord avec des organisations plus robustes. Les premières se distinguent aussi des secondes par un calme plus prompt de l'élément-douleur, et par une excitation consécutive beaucoup moins intense. Il résulte, en outre, de nos observations, que la fièvre thermale est en rapport direct avec la sulfuration des eaux minérales.

Les effets dépuratifs et résolutifs des sources de Mauhourat et des Œufs sont utilement employés dans l'arthritis et même la goutte; mais on devra procéder avec

beaucoup de modération dans l'usage des eaux contre
cette dernière affection ; on consultera la force du tempérament, la mobilité des symptômes morbides , et on
n'agira que dans la période d'atonie.

MALADIES SYPHILITIQUES.

Nous ne pouvons invoquer l'action directe des eaux
de Cauterets contre le principe syphilitique. L'expérience a démontré que les eaux minérales n'avaient
aucune spécificité contre les accidents constitutionnels ;
mais les propriétés reconstitutives des eaux minérales,
l'activité fonctionnelle qui en résulte, les rendent néanmoins précieuses dans beaucoup de circonstances.

Cette redoutable affection ne manifeste souvent ses
fâcheuses conséquences qu'à des intervalles très-éloignés,
pendant lesquels les individus semblent jouir en apparence d'une bonne santé. C'est là une fausse sécurité,
car le traitement thermal fait naître bientôt des manifestations caractéristiques qui viennent prouver l'insuffisance des médications antérieures: Dans ce cas, on
peut allier le traitement dit spécifique au traitement
thermal.

AFFECTIONS CHIRURGICALES. — Depuis les temps les
plus reculés les eaux de Cauterets ont été reconnues
comme très-utiles dans les affections chirurgicales. Et
chaque année , le corps médical de Cauterets constate
la légitimité de cette ancienne renommée dans les engorgements chroniques, les tumeurs blanches, l'hydar-
throse , la carie , les ulcères , les trajets fistuleux , les
raideurs et l'atrophie des membres , les entorses , les

luxations et les fractures mal réduites, etc. Si Baréges agit avec plus d'intensité, ses eaux ne sauraient remplacer celles de Cauterets, quand, à l'état pathologique, viennent se joindre des indications dépuratives et des manifestations dartreuses à forme humide.

AFFECTIONS NERVEUSES. — On a coutume de ranger sous cette désignation générale les affections nerveuses indépendantes de toute altération organique appréciable, et celles qui résultent des lésions bien déterminées.

Lorsque la névralgie ne paraît pas coexister avec une lésion matérielle, qu'elle dépend d'un tempérament délicat (hémicranie, névralgie trifaciale ou tic douloureux) : dans les névralgies hystériques, les paralysies de nature rhumatismales ; l'angine de poitrine, etc., on conçoit que les eaux les plus hyposthénisantes puissent calmer directement l'excitation nerveuse en activant, d'une manière insensible, la partie affectée à l'aide d'une douche ou d'un bain tempérés ; mais lorsque l'état névralgique est symptomatique d'une altéraration du système nerveux, d'épanchements de liquides divers dans l'intérieur ou dans la trame des organes, il y a dans ces cas nécessité de réagir avec une énergie dont l'intensité doit être en rapport avec la nature et les modifications organiques nouvelles. Dans le premier cas, les sources les plus faibles, telles que Rieumizet, le Rocher et le Petit Saint-Sauveur, seront très-efficaces ; et dans les affections du second ordre, celles de la Raillière, des Œufs et même de César, pourront également rendre les plus grands services, par leurs effets excitants, substitutifs et ré-

8

solutifs, surtout s'il y a coïncidence de lymphatisme, de scrofule ou d'herpétisme. Inutile de rappeler que les conditions climatériques de Cauterets, par leurs propriétés sédatives bien reconnues, concourent avec la médication à régulariser avantageusement les fonctions du système nerveux.

AFFECTIONS DE LA PEAU. — La doctrine des dermatoses ou maladies de la peau désignée aujourd'hui sous le nom d'herpétisme ; (Dartres, en grec, Ερπησ, en anglais, herpes ; en italien, erpete; en espagnol, herpes); comprend un grand nombre d'affections dont les causes se rapportent ordinairement à une même disposition constitutionnelle ou acquise. Nous ne saurions entrer ici dans les longs développements que comporte cette branche de la nosologie dont l'importance tend à grandir chaque jour davantage. Nous nous contenterons de citer sommairement les principales indications relatives à nos eaux minérales de Cauterets dans le traitement de quelques-unes de ces maladies.

Depuis les nombreux travaux accomplis à la fin du dernier siècle, les dermatologistes ont considérablement étendu le cadre de ce genre d'affections. Bornées en principe au tégument externe par beaucoup d'entre eux, l'observation clinique est venue dans ces derniers temps démontrer qu'un grand nombre d'états morbides internes se trouvaient sous la dépendance de la même cause, de la même influence, que ceux constatés à la peau. « La diathèse dartreuse est complétement latente et se produit, même en dehors des moments d'éruption, par des caractères particuliers, ou par des accidents protéiformes, occupant alternativement ou simultanément les membranes muqueuses, la peau, le système nerveux, et mêmes les organes viscéraux, (Hardy, *leçons sur les maladies de la peau* 1858). La peau n'est souvent altérée en effet que parce qu'elle est en sympathie constante avec les systèmes intérieurs de notre organisme : *qualis in corpore delitescit morbus, talis sœpè efflorescit.* Cette corrélation se traduit fréquemment par un échange alternatif d'acuité entre les syptômes cutanés et l'affection interne. Il est aisé de comprendre, d'après cette manière de voir, que les diathèses lymphatiques et scrofuleuses se joignent souvent au principe dartreux dans les manifestations morbides qui ont lieu à la peau, aussi est-il très-important, d'établir la part de leur influence dans les altérations produites. Le docteur Gigot-Suard a remplacé le nom de dermatoses par celui d'herpétides et admet également des herpétides cutanées, muqueuses, nerveuses, vasculaires, articulaires, musculaires.

Anciennement les pathologistes divisaient les dermatoses en sécrétantes et non sécrétantes. Cette classification a été abandonnée généralement par les nosologues de ces derniers temps, car elle était loin d'avoir, dans beaucoup de circonstances, toute la précision pathologique désirable, suivant le tempérament, la constitution, et le degré d'intensité diathésique. Néanmoins, en thérapeutique thermale, elle offrait certains avantages que l'expérience a confirmés,

Ainsi, parmi les affections [herpétiques franches, on a
distingué les dartres *humides*, s'accompagnant d'une
sécrétion séreuse ou séro-purulente, et les dartres
sèches dont l'évolution ne présente aucune exsudation
à la peau. Dans la première catégorie, nous rangeons
l'eczéma, l'impétigo, l'herpès proprement dit, la men-
tagre, l'acné, le favus, etc. Dans la seconde, se trouvent, le psoriasis, le lichen, le pityriasis, le prurigo,
l'icthyose, etc. On voit par cette division combien le
thérapeutiste doit user de prudence dans le traitement
de maladies si diverses et dont la nature tient à des
états constitutionnels si différents et souvent très-
sérieux. Une eau trop sulfureuse comme Baréges
pourra produire par exemple des effets pernicieux dans
l'eczéma, le favus, tandis que Pauze-Vieux et les Espagnols, à Cauterets, seront très-efficaces. Un hérpétique
débilité se trouvera mieux en général d'une eau sulfureuse alcaline faible que d'une source fortement et
purement alcaline.

Dans les herpétides sèches, les eaux simplement
sulfureuses très-excitantes réagiront plus avantageusement sans faire redouter les récidives, les transformations et les métastases. A la première série de ces affections on appliquera avec grande efficacité nos sources
plus ou moins dégénérées, telles que le Rocher, Rieumizet, le Bois ; à la seconde, conviendront mieux celles
de Pauze-Vieux, César, les Espagnols et les Œufs,
sources à réactions plus alcalines sulfureuses.

Au nombre des affections herpétiques que nous avons
eues à traiter en 1872, nous citerons un cas d'eczéma

généralisé coïncidant avec un état catarrhal accompagné de crises d'asthme, que les eaux de Pauze-Vieux et de César ont amélioré rapidement. D'après le résultat obtenu, il nous est permis d'espérer qu'une ou deux saisons de plus modifieront totalement la constitution du sujet, gravement menacé avant le traitement thermal. Nous avons constaté également des succès complets dans le prurigo des parties génitales.

Dans les herpétides dépendant d'un état scrofuleux, on emploiera de préférence l'eau des Œufs concurremment avec celle de Pauze-Vieux, parce quelles renferment une plus grande proportion de chlorure de sodium que toutes les autres sources. Quand les altérations scrofuleuses ont le caractère de scrofulides tuberculeuses, il faut prescrire l'eau de la Raillière, mais procéder avec grande prudence dans le traitement thermal.

Enfin, si Baréges peut revendiquer en sa faveur des succès dans les formes sèches et torpides, Cauterets offre une supériorité de curabilité quand les dartres sont humides et qu'elles coexistent avec un tempérament catarrhal et lymphatique.

En toutes circonstances, il faut agir, nous ne saurions trop le répéter, avec la plus grande réserve, tenir compte de la forme, de la nature, et de l'étendue de l'état pathologique, proportionner l'énergie du traitement à l'ancienneté du mal et à la résistance de l'organisation, afin d'éviter des rétrocessions fatales pa métastases sur les organes internes.

GUIDE

HYGIÉNIQUE ET PRATIQUE

AUX EAUX DE CAUTERETS.

L'hygiène a pour objet de conserver la santé et de prévenir les maladies. Elle règle le choix et l'usage des choses qui, par leur influence, modifient changent ou altèrent l'économie animale ; telles que l'air, les aliments et le repos, le sommeil et la veille, les excrétions ou évacuations, et les passions de l'âme. Non-seulement les secours hygiéniques, dit Chomel (1), sont d'une grande utilité pour l'homme malade, mais ils lui sont plus utiles encore que tous les médicaments proprement dits. On a pu avoir des doutes sur l'efficacité de beaucoup de remèdes, personne ne pourrait en avoir sur celle des moyens hygiéniques. L'hygiène est donc par cela même un puissant auxiliaire de la thérapeutique thermale.

Tous ceux qui ont écrit sur les eaux minérales ont eu soin d'exposer plus ou moins des préceptes sur la

(1) *Thérapeutique*, p. 630.

conduite des baigneurs dans chaque station. Et en effet, les influences nouvelles, le changement qui s'opère dans les rapports qui existent entre l'homme et les choses qui l'environnent et dont il use, ont des conséquences générales et individuelles qui nécessitent des précautions sans lesquelles le traitement thermal ne saurait aboutir au résultat que l'on a en vue. Qu'un baigneur, par exemple, atteint de congestion pulmonaire, néglige à Cauterets de se prémunir contre les vicissitudes de l'air, ou qu'il boive précipitamment un verre d'eau thermale en arrivant à une source d'une haute température, il pourra en résulter une exaspération de l'état pathologique, une congestion active avec toutes ses fâcheuses conséquences. Nous ne pouvons sans doute préciser ici d'une manière complète la conduite à tenir dans tous les cas, puisqu'elle dépend d'une infinité de considérations relatives au tempéramment, à la constitution, à l'âge et à l'état pathologique de chaque individu ; mais nous allons tracer quelques règles générales où chacun pourra puiser des enseignements qui lui serviront de guide pour retirer des eaux minérales tous les bénéfices qu'elles sont susceptibles de procurer.

I. — Il est essentiel que tout baigneur évite la fraîcheur du matin et du soir, lorsqu'elle est sensible.

Il faut rechercher les appartements bien aérés, privés d'humidité et à une bonne exposition.

II. — On doit se munir préférablement de vêtements de laine et porter avec soi ordinairement un manteau ou par-dessus en cas d'être surpris en promenade ou au retour des bains par un abaissement subit de température. Au retour des thermes éloignés, de la Raillière, par exemple, il sera utile, si l'air est frais ou agité, de tenir quelques instants son foulard sur la bouche pour ne pas troubler l'excitation thermale.

Je juge qu'un repos de cinq à dix minutes dans les vestibules, soit avant soit après l'usage des eaux, est une excellente précaution.

III. — La nourriture doit être variée et appropriée au tempérament, à la constitution, aux habitudes et à l'état maladif du sujet. Il convient, en général, d'user peu de viandes salées, de liqueurs spiritueuses, acides ou glacées. Après quelques jours, ordinairement, les fonctions digestives prennent une grande activité, mais on ne doit pas s'abandonner à un appétit exagéré et trompeur, car l'assimilation des principes nutritifs a des limites, et un surcroît d'aliments pourrait bientôt occasionner une surcharge, et une fatigue des organes digestifs avec réaction sur les systèmes circulatoire et nerveux.

Il ne faut boire de l'eau minérale qu'à jeun, une heure et demie avant les repas, et n'en prendre jamais un plein verre à la fois; si c'est la dose prescrite, mieux vaudra la scinder en deux prises de demi-verre chacune, séparées par un intervalle de 5 à 10 minutes.

Il est important, au début du séjour, de ne pas boire beaucoup d'eau commune au repas. Nous avons fréquemment constaté des embarras gastriques et des diarrhées résultant de ce défaut de précaution. Il va sans dire que nous conseillons aux baigneurs de ne point faire usage de l'eau du Gave à l'intérieur. Les bornes-fontaines dont l'eau est très-potable sont du reste assez multipliées à Cauterets.

IV. — Chaque jour, autant que possible, les baigneurs feront bien d'exécuter une promenade plus ou moins longue. Ils devront même de temps en temps, s'ils sont habitués à une vie active, faire des excursions sur les montagnes, soit à pied soit à cheval. Il sera utile quelquefois de consulter son médecin sur le genre et le mode de ces courses, ainsi que sur l'altitude à atteindre. Il est imprudent généralement de précipiter la marche, surtout lorsque les organes pulmonaires sont en souffrance.

V. — Il est des personnes dont l'âme a besoin de calme et de tranquillité, tandis qu'il en est d'autres auxquelles les distractions continuelles sont infiniment profitables. Cauterets offre aux unes et aux autres les avantages qui conviennent à ces situations diverses, suivant leurs besoins et leurs penchants ; *miscuit utile dulci.*

Les plaisirs tumultueux y sont inconnus ; il n'y a de bruyant que le sourd murmure des cascades, auquel on s'habitue bien plus aisément qu'au tapage discordant de la grande ville. Les promenades du Mamelon-Vert et des Œufs rassemblent tous les soirs une foule compacte, tandis que le Casino attire une partie de baigneurs dans ses salons, et particulièrement dans la salle du théâtre les amateurs de bonne musique.

Telles sont à Cauterets les nombreuses ressources, en fait de délassements, qui, jointes aux excursions attrayantes des sites en renom, aident les malades à oublier leurs souffrances et les touristes à s'affranchir des préoccupations énervantes de leurs affaires.

TABLE DES MATIÈRES.

DEUXIÈME PARTIE.

PROPRIÉTÉS PHYSIQUES ET CHIMIQUES DES EAUX
MINÉRALES DE CAUTERETS.

§ I.

TROISIÈME PARTIE.

ÉTABLISSEMENTS THERMAUX DE CAUTERETS.
INSTALLATIONS BALNÉAIRES.

§ I.

Groupe de l'Est.

§ II.

Groupe de l'Ouest.

§ III.

Groupe du Sud.

QUATRIÈME PARTIE.

ACTION PHYSIOLOGIQUE DES EAUX DE CAUTERETS.

SECTION I.

Usage interne des eaux de Cauterets.

SECTION II.

Usage externe des eaux de Cauterets.

CINQUIÈME PARTIE.

THÉRAPEUTIQUE.

SECTION I.

Indications générales.

FIN DE LA TABLE DES MATIÈRES.

Toulouse, Impr. Louis & Jean-Matthieu Douladoure.

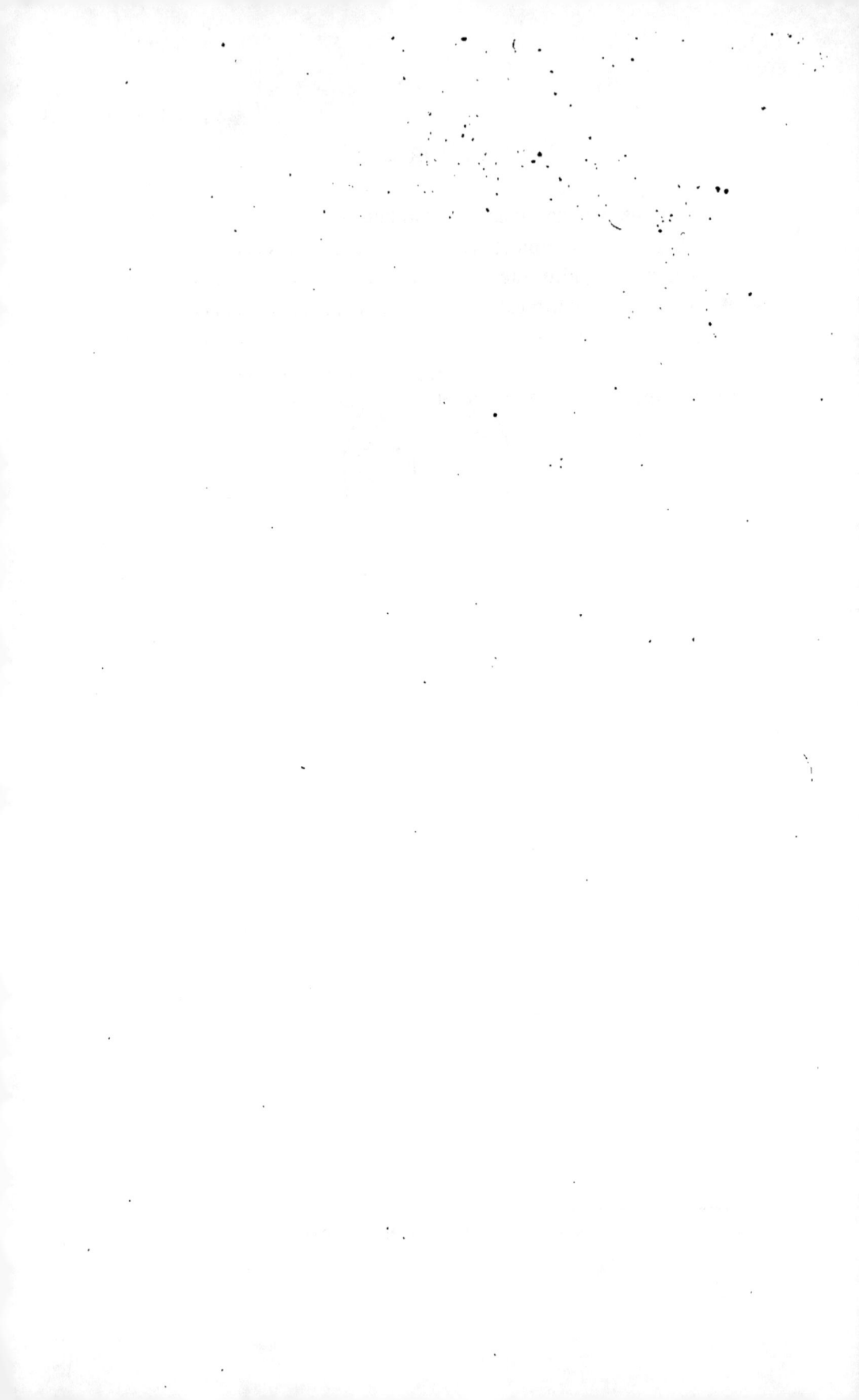

www.ingramcontent.com/pod-product-compliance
Lightning Source LLC
Chambersburg PA
CBHW062043200326

41519CB00017B/5128